三江稻渔生态系统

张秋明　何金钊　陆专灵　郭忠宝　主编

海洋出版社

2019年·北京

图书在版编目(CIP)数据

三江稻渔生态系统 / 张秋明等主编. — 北京：海
洋出版社, 2019.6
ISBN 978-7-5210-0360-4

Ⅰ. ①三… Ⅱ. ①张… Ⅲ. ①稻田养鱼－广西 Ⅳ.
①S964.2

中国版本图书馆CIP数据核字(2019)第102855号

责任编辑：杨　明
责任印制：赵麟苏

海洋出版社 出版发行
http://www.oceanpress.com.cn
北京市海淀区大慧寺路 8 号　　邮编：100081
北京朝阳印刷厂有限责任公司印刷　　新华书店北京发行所经销
2019年6月第1版　　2019年6月第1次印刷
开本：787mm×1092mm　1 / 16　印张：12.25
字数：239千字　定价：88.00元
发行部：010-62132549　邮购部：010-68038093　总编室：010-62114335
海洋版图书印、装错误可随时退换

编写委员会

图1 三江程阳风雨桥

序　言

　　早在 20 世纪 90 年代，我国理论界就开始广泛探讨生态文明建设之路。2007 年党的十七大报告明确了"建设生态文明，基本形成节约能源资源和保护生态环境的产业结构、增长方式、消费模式"。2017 年我国把"加快生态文明体制改革，建设美丽中国""进行生态文明建设"定为"千秋大计"，把"美丽"设定为国家现代化建设目标之一。2018 年我国又将"推动物质文明、政治文明、精神文明、社会文明、生态文明协调发展"正式写入国家宪法，再次彰显了生态文明建设的重要性。近 20 年来国家相继颁布、实施了多项与民生息息相关的环保政策，旨在从源头上治理生态问题，使环境保护得到更广泛的重视，体现出中国共产党是个负责任的政党，始终把人民的根本利益放在首位，为践行好"全心全意为人民服务"的宗旨指明了方向，为"不忘初心、牢记使命"提供新的法律保障，为实现中华民族伟大复兴提供铁的保证。

　　党的十九大报告指出"坚持绿水青山就是金山银山"，稻田综合种养生态系统是构成生态文明的基本元素之一，是中国社会现代农村的基本支撑，更是惠及我们子孙后代的生态红利。三江稻渔生态系统是三江侗族、苗族祖先经过千百年来传承的一项"人与自然和谐共生"的农耕技术，具有深厚的文化底蕴，是三江少数民族儿女文化自信的根本。而坚持绿色发展理念，依托优越的自然条件、良好的水质，采取生态健康的种养模式，充分发挥"稻鱼互利共生"的原理，利用"农家肥＋微生物"进行稻田养

　　鱼,构建了稻田生态系统的内部循环,是三江各族儿女的智慧结晶,是稻田综合种养"三江模式"的精髓和灵魂。

　　《三江稻渔生态系统》汇集了三江稻田养鱼的历史渊源、民族文化、科学技术、产业发展等方方面面内容,形成"田里有稻、水中有鱼、水底有螺、泥中有鳅"的立体养殖模式,形成"一季稻+再生稻+鱼""稻+泥鳅""稻+螺"和"稻+鱼+瓜果"等多种立体综合种养模式,实现稻鱼双丰收。本书图文并茂,地方特色鲜明,实用性强,是一本有实用价值的参考书。

中国科学院院士

2019 年 3 月 28 日

前　言

　　三江侗乡人民自古以来就有稻田养鱼的传统，延续至今已有 1 000 多年的历史。为了把这一传统产业进一步做大、做强、做优，促进农业增效，农民增收，三江县自2014 年以来，在上级的大力支持和帮助下，整合资源，集中力量，以整乡推进和示范带动的方式，在全县范围内对传统的稻田养鱼模式进行技术升级创新，示范推广"坑沟式""一季稻＋再生稻＋鱼""稻＋泥鳅""稻＋螺""稻＋鱼＋瓜果"等多种立体综合种养模式，收到了"一水两用，一田多收，稳粮增效，产业扶贫"的良好成效，得到了国家农业农村部的充分肯定，并定义为稻渔生态综合种养"广西三江模式"。2017 年1 月，"三江稻田鲤鱼"获得国家农产品地理标志登记保护，这是从国家层面上对三江稻田综合种养产品的典型特色特征、独特的生产方式以及农耕文化底蕴的传承等给予的充分肯定。

　　为了不断总结和提升稻渔生态综合种养"广西三江模式"，让社会各界进一步了解三江、传承三江的稻渔农耕文化，进一步增强侗族文化自信，凝聚各民族团结奋进的力量，共同推进稻渔生态综合种养特色产业发展，为打赢脱贫攻坚战略作贡献，由广西壮族自治区水产技术推广总站张秋明（农业技术推广研究员）牵头，会同三江县委、县人民政府，组织区内有关部门的专家和基层科技人员，编写这本《三江稻渔生态系统》。

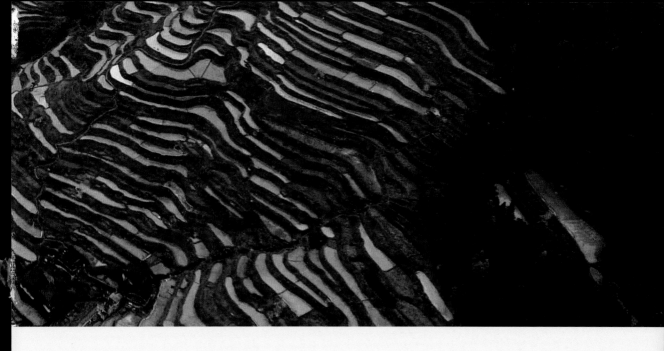

　　本书共分三篇：资源与文化底蕴篇、技术篇、故事与民俗文化篇。书中内容主要包括：三江侗族自治县概况、三江侗族农耕文化、三江稻渔资源状况、三江稻渔生态系统的历史传承、三江稻渔生态系统蕴含的综合技术、水稻种植技术、养殖技术、综合效益与发展措施、故事与歌赋、饮食文化等。本书内容丰富，图文并茂，资料翔实，技术的实用性、科学性、可操作性强。可供文化工作者、农技推广工作者以及农业、渔业管理部门参考、借鉴。

　　本书从编写到出版，全程得到中国水产科学研究院珠江水产研究所、广西壮族自治区水产技术推广总站、广西壮族自治区水产科学研究院、广西壮族自治区水产引育种中心等单位的大力支持和帮助，并得到国家现代农业产业技术体系专项资金（CARS-46）、国家现代农业产业技术体系广西罗非鱼创新团队建设（nycytxgxcxtd-08-05）、广西创新驱动发展专项（桂科 AA17204094-8 和桂科 AA17204095-5）、广西重点研发计划（桂科 AB16380056）和广西科技基地和人才专项（桂科 AD17195016）资金资助，在此一并表示衷心感谢！

　　由于本书成书时间短，编者水平有限，书中存在的错漏在所难免，敬请读者批评指正。

编　者

2019 年 3 月

目　录

资源与文化底蕴篇

技术篇

故事与民俗文化篇

资源与文化底蕴篇

图 2　三江侗寨秋收景象

第一章
三江侗族自治县概况

三江侗族自治县，地处湘、黔、桂三省交界处，是广西壮族自治区唯一的、全国成立最早的且侗族人口比例最高的侗族自治县。在百里侗乡，浔江、溶江等74条大小河流相互交织，独特的侗、苗、瑶、壮等少数民族风情，散落在2 454平方千米土地上的1 000多个侗族村寨，以及耸立着的197座风雨桥228座鼓楼，构成了"千年侗寨梦萦三江"的美丽画卷，让三江享有了"世界楼桥之乡"和"中国侗族在三江"之美誉。而贵广高铁的开通，让昔日的穷乡僻壤成为了游客流连忘返的"侗族香格里拉"。三江既是湘、黔、桂三省区交通枢纽，又是通往湘、黔、桂三省区侗族地区的东大门，也是侗族地区的南大门，更是国际旅游胜地桂林旅游圈直接辐射地，209、321国道在县内纵横交错，"高铁"和过境的两条高速公路都已经开通，区位优势明显。这里民族风情浓郁，传统文化源远流长。鼓楼、风雨桥和侗族大歌被誉为"侗族三宝"，程阳永济桥、岜团桥、马胖鼓楼、和里三王宫是全国重点文物保护单位；三江侗族木构建筑营造技艺和侗戏被列入国家非物质文化遗产保护名录，侗族大歌被列入世界非物质文化遗产保护名录，5个侗族村寨被列入中国世界文化遗产预备名录。

这里地处云贵高原东端的越城岭、雪峰山和苗岭山脉过渡地段，境内山地连绵，河流纵横，土地肥沃，气候温和，雨量充沛，是我国南方九省（区）的森林覆盖重点县之一，全县森林覆盖率达78.2%。水源涵养条件好，"山有多高，水有多长"。三江的水都是通过森林林冠、植被根系层，以及优良森林土壤层的层层天然过滤，汇聚成不受任何污染，不需经过处理就可以直接饮用的三江高山泉水。良好的生态环境，造就了一批价廉物美的高山鱼稻、高山稻鱼等高山生态农产品。

这里有发展稻田养鱼产业的优越条件。全县现有稻田12万余亩[①]，其中适宜混养鱼类的保水田约8万亩。县内气候温和，雨量充沛，山清水秀，无工矿污染。优良的气候、水质为打造绿色生态健康的三江"高山稻鱼"和"高山鱼稻"产品提供了优越的自然资源和得天独厚的自然生态环境。在稻田养鱼的生产过程中，由于鱼类在稻田内起到除草、除虫、松土、鱼粪肥田的作用，因而几乎不用或少用化肥、农药和除草剂，大大降低了产品的农药残留，从而保障了水稻和水产品的食用安全和品质质量。三江稻田放养的"高山稻鱼"以其生态、绿色、健康、安全且肉质鲜美而广受消费者青睐，供不应求。

---

① 亩为非法定计量单位，1亩≈666.67平方米。

图3　三江程阳八寨

图4　三江侗寨梯田

这里有扎实的稻田养鱼群众基础。三江广大农民群众素来有稻田养鱼的传统，在西北部的八个乡镇，几乎家家户户都开展稻田养鱼，他们在长期的生产实践中，积累了较为丰富的稻田养鱼技术经验。随着创建广西特色旅游名县的强势推进，以及侗乡"高速时代"的到来，稻鱼产业与特色旅游产业融合互动，既能丰富旅游内涵，又能拉长稻鱼产业链，增加稻鱼产业的附加值，发展前景十分看好。

当前，三江县委、县人民政府正着力将稻田养鱼这一传统产业发展为富民优势产业，以"公司＋基地＋农户"运作模式向15个乡镇逐年整乡推进，初步形成"苗种生产－成鱼养殖－产品加工－销售流通"一条龙的稻鱼产业化经营格局，确保稻鱼共生、钱粮双增，打响"三江高山稻鱼"品牌，"山山岭岭茶园绿，家家户户鱼儿肥"已经是三江的真实写照。

图5　三江稻田养鱼模式（田田有鱼坑）

图 6　三江稻田养鱼模式（稻田坑沟式）

图 7　三江侗寨秋景

图 8 三江布央茶园冬季下雪景象

第二章
三江侗族农耕文化

我国农耕文化一向有"男耕女织"之说，它不仅是指早期的劳动分工，也是农耕文化形成的基础。早在河姆渡时期，出土的谷物化石即说明"农耕"在当时（或更早）产生。众所周知，三皇之首的伏羲教人们"作网"，开启了渔猎经济时代；炎帝号称"神农氏"，教人们播种收获，开创了农业时代；大禹采用疏导的办法治水，推进了我国水利事业的发展；战国时期，在秦国地域里，由韩国人郑国主持修建的"郑国渠"，极大地改善了关中地区的农业生产条件。随着民族融合特别是中原人的南迁，聚族而居的侗族，受到先进的农业技术理念传播的影响，侗民们利用彼山之水架设竹笕接流，以灌溉此山之田，故有"南山水灌北山田"之谚；同时在江河、小溪支流设水车灌溉，俗称其田为"车田"。

侗族农耕文化，是在长期的农业生产中形成的一种风俗文化，以农业服务和内敛式自给自足的生活方式，集合了文化传统、农政思想、"款规约法"及各类宗教文化为一体，形成了自己独特文化内容和特征。

第一节　稻作文化

侗族地区气候温和，水源丰富，小盆地星罗棋布，适宜开垦良田，自古有种植水稻的传统，特别是糯谷种植，历史十分久远，源自古代越人的"雒田"。侗族祖先，是中国稻作文化的创始者之一。西汉武帝年间司马迁《史记·货殖列传》中记载："楚越之地，地广人稀，饭稻羹鱼，或火耕而耨。"这说明越地是最先种植水稻的地区之一。又如刘锡蕃在民国丛书《岭表纪蛮》中描述了少数民族地区耕作梯田的艰辛："蛮人即于森林茂密山溪物流之处，垦开为田。故其田畴，自山麓以致山腰，层层叠叠而上，成为细长的阶梯形。田塍之高度，几于城垣相若，蜿蜒屈曲，依山萦绕如线，而烟云时常护之。农人叱犊云间，相距咫尺，几莫知其所在。汉人以其形似楼梯，故以'梯田'名之。此等'梯田'，其开垦所需工程，甚为浩大。其地山高水冷，只宜糯谷。"侗族大部分地区均以种植糯谷为主，一日三餐，以糯食为主食。20世纪50年代以前，种植的糯谷品种有40余种，其中有的品种被水稻学家确定为中国水稻（粳稻）历史上最早的品种，并以质优味香而著称。现在侗语中仍在使用"百万"（pcks wanh）一名，为古越语中粳稻的一种早期品种名称（后演化为侗语对粮食的通称），侗语中的"版那"（banv jav，田段之意）、"华"（wan，稻谷之意）、"闷"（midv，水车之意）、"敏"（minl，水渠之意）等与水稻种植有关的名词，均来源于古代越语。三江侗族的水稻种植，早已形成一整套的传统耕作方式，从选种、育秧到防治病虫害，从施肥到精耕细作，从生产工具到水利设施的运用，均积累了丰富的经验。如因地制宜、选择良种；掌握节气、培育壮秧；烧灰改土、冬翻晒田；精耕细作、施足肥料；拦河筑坝、修渠架笕；稻田养鱼、除草松根；稻田放鸭、捕捉害虫；以虫治虫、确保丰收。稻作文化是三江文化的主要内容之一，也是当地民族文化的主体。通过稻作文化的代际传承，也将整个社会的历史与文化记忆融入其中，包括其家庭观念、宗教信仰、风俗习惯等，地方历史与社会价值观念都以集体历史记忆的方式被铭记，社会认同和文化自觉由此产生。三江农耕文化不仅包含了以稻作生产为主体的农业生产方式和相关的耕作文化，更重要的是传统的稻作文化也藉此获得了特殊的情感升华，蕴涵了特殊的生命意义，并融入地方社会文化的各个方面。

图 9　三江侗寨梯田情景

第二节　制度文化

制度文化，是在一定的历史条件下形成的，是社会关系以及与此相关的社会活动的规范系统。在历史上，从唐末宋初至清末民初，侗族长期处于自治自卫军事联盟性质的社会状态，从而产生了以合款和《约法款》为核心的制度文化。

合款，是指侗族传统社会中的款组织系统。款，分小款、中款、大款、特大款四个组织层次。小款由数个相近的小寨或一个大寨组成，为500户左右；中款由数个或十多个连片的小款组成，为5 000户左右；大款，在有外敌入侵或利益广泛受到侵害的情况下，由数个中款临时组成，多达数万户；特大款，在全民族的生存受到威胁的情况下，由全民族的款组织所组成。各级款组织的合款，均通过"歃血盟誓，竖碑立约"的方式进行。合款组织，对内按"竖碑盟约"处理内部治安，维护正常的生产生活秩序；对外，抵御外敌的入侵，维护款民和民族的利益不受侵犯。

侗族在历史上没有建立过民族政权，也没有自己本民族的文字，因此，也就没有国家法、成文法。但是，随着历史上合款组织的产生，侗族社会产生了功能齐全、权威性极强的民族习惯法——《约法款》，并形成以此习惯法为核心的约法制度。

《约法款》共有十八条规约，通称《六面阴规》（处以极刑的条规）、《六面阳规》（除极刑以外的处罚条规）、《六面威规》（以劝告教育为主要内容的条规）。从治盗走向治安，是侗族习惯法的第一种发展趋势。随着种植业和养殖业的出现，人类不得不在自己耕种的土地或牧场附近定居下来，于是土地、山林、牧场等生产资料的长期占有观念开始出现。随着劳动工具的不断改进和社会劳动生产力的不断提高，个人、氏族、族群的产品分配、财产分割、山地权属等利益矛盾问题突出，于是一种以维护私有制和个体家庭经济利益及婚姻关系为目标的行为准则应运而生。侗族习惯法的"立约"，是农耕文化的一个重要组成部分，无论是"口诵法""石头法""栽岩法""成文法"，都是一种封闭式、向心型文化，具有自治性和自卫性的共同特征。所谓自治性，就是自己管理自己，不愿让别人来干涉自己的事情，也不愿到别的地方去干涉别人的事情，这是建立在自然经济基础之上的一种文化特征。所谓自卫性，就是自己保护自己，不许他人到自己生活的土地上为非作歹，不许别人在自己的家乡为所欲为，这是建立在农业经济基础之上的一种文化特性。这种封闭、守旧型文化，铸成了侗族祖先"求稳怕变""思安疾乱"的传统思想。侗族习惯法，说到底，是侗族民间的生产大法、生活大法。它对生产生活秩序的维护是毫不含糊的。如本县的岜团款坪石牌里《六面阳规》"四层四部"说：

讲到山上树林，

讲到山上竹林，

白石为界，

隔断山岭。

一块石头不能超越，

一团泥土不能侵吞。

田有田埂，

地有界石。

是金树，

是银树。

你的归你管，

我的归我管。

这样的款约，既平衡了人们的利益分配，遏制不劳而获的思想和行为，又保护了人们的生产积极性，维护社会的稳定。

侗族村寨，田有田埂，地有界石。屋场为居住必备，田地、田塘是衣食之源，山林是建房、创利之资，与人们利益攸关，是关系社会稳定的敏感问题，"让得三杯酒，让不得一寸土"。按界管理，就使纷繁复杂的棘手问题变得简单易断。界线、界石、界桩、界槽等是在款中寨老的主持下，由当事双方协商确定，一旦确定，就具有"法律"效力，不能随意反悔和改动。但侗族对水源强调资源共享，合理分配，用水人要妥善解决上丘下丘、大丘小丘、傍田冲田的田水分配，在大旱的年份，尤其要兼顾好。若发生偷水、毁田坝的事，不仅要肇事者恢复原状，还要赔钱。如《六面阴规》"五层五部"规定：

讲到塘水田水，

我们按祖公时的理款来办，

按父辈时的条规来断。

水共渠道，

田共水源。

……

偷山塘，偷水坝；

挖田埂，毁渠道。

在上面的阻下，

在下面的阻外，

做黄鳝拱田基，

做泥鳅拱沟泥。

引水翻坡，

牵水翻坳，

同上边争吵，

同下边对骂；

这个扛手臂粗的木头，

那个抓碗口大的石头。

互相捶打断梳子；

互相捶打破头壳；

这个遍体鳞伤，

那个鲜血淋漓。

喊声哇哇，

骂爹骂娘；

捞手捞脚，

塞水平基。

我们要他水往下流，

我们要他理顺尺量。

要他父赔工，

要他母出钱。

侗族先民这种经过生产、生活的长期实践，凭着习惯法的约束力，在农业生产中，建立了一套极富特色的依靠"稻—鱼—鸭"和"林—粮"间作的生计系统，有效地实现了与所处生态环境的和谐共存。与今天提倡的和谐、环保、低碳式的发展理念不谋而合。这种农耕文明的地域多样性、民族多元性、历史传承性和乡土民间性，不仅赋予了中华文化重要特征，也是反映了侗族合款和约款法制度文化核心价值观的重要精神资源。

第三节　农耕民族文化

侗族是一个以农业生产为主的民族，农村经济长期处于小生产状态。侗民世世代代耕作在属于自己的那一小块土地上，并在长期的生产实践中形成了一整套耕作制度和与之相适应的习俗。虽说几百年来，生产资料的所有制形式已然发生了巨大的变化，但作为农业生产中早已形成的习俗，仍以多种形式保存并延续下来。这种习俗，更多地体现在生产劳动中的相互依赖、相互支持。如侗家人对"讨活路"看得很重，一般不轻易开口，自己实在办不了的事，才去找人帮忙，如上山伐木、放木排、竖房架屋等。侗家人把"讨活路"当成友谊的桥梁，只要有人开口"讨活路"，人人都会高兴地接受，认为这是友好和信赖的表现。即使彼此之间过去有成见，甚至有较深的积怨，只要一方来"讨活路"了，那隔阂也就自然消除了。通过"讨活路"来帮忙做事的人，做起事来尽心尽力，不辞劳苦，会把事情办得顺顺当当、圆圆满满。又如侗家人的"草标管理"也很典型。草标，即用山上的茅草或稻草打一个活结作为特定的标志，表示山林界限，或表示在所标范围内封山育林，禁止砍柴割草或放牧。侗族过去由于没有文字，往往"刻木为信，结绳记事"，草标就是侗族用作记事的语言符号。只要挂上草标，侗家人就不随便进入挂标山地。如春天，田地里插上草标，示意已播种，大家别让家禽或牲畜糟蹋；夏天，田边插上草标，示意稻已出穗，请勿放家禽进田；冬天，田里插上草标，示意田里养有鱼，不能进田捉鱼或捞水浮萍、水葫芦喂猪。地里的瓜上打个草标，示意此瓜是作种用的，请不要摘。路边水井丢有草标，示意这水能喝。草标的另一作用，是表示此物已有所属，如在山上砍柴，一时砍多了挑不完，要存放在山上，只要在柴上插个草标，别人见有草标就不会把柴挑走。

草标还被侗族当作避邪保身的吉祥物。背孩子走亲访友出远门时，背带上插草标，以求一路平安。

民族习俗不是凭空产生的，作为世界民族之林一员的侗族，其习俗的产生和发展，都与自己的社会生活保持着密切联系，其成因都离不开经济、政治、社会、心理、地域等因素。人生习俗、生产习俗、生活习俗、岁时习俗、人居习俗、交往习俗、渔猎习俗等，无不包含着侗民族文化的成分。如饮食习俗，三江侗族饮食特点是"无糯不成侗，无鱼不成祭，无酒不成席，无酸不成宴，无茶不成主"。侗族普遍种植水稻，特别是以糯稻为主。嗜食糯食是侗家人的明显特征，历来自称"糯米人"。以前，侗族地区以种糯谷为主，耕作方式古老。"田一锄一锄地挖，禾一线一线地剪"。侗乡

图 10　收获糯谷

山冲田的耕作层较浅，若用牛深犁，会破坏田底硬土，使地下水上冒而变成烂泥田。因此，挖田在侗乡山冲一直延续至今。用指镰一线一线地铡禾（剪禾把），是侗族的一种高超的劳动技能，剪禾能手一天能剪三四百斤糯谷。在三江侗族自治县溶江河流域的富禄、梅林一带，女人们把禾把拿上晾禾架晒，待晾晒干后才收归仓。浔江、苗江等其他侗族，则将禾把放在田埂、石头、空坪地、屋檐上、干田里晾晒。脱粒后的禾梗，是打草鞋、编草席、搓绳、打捆的材料。烧成灰后，是染布、洗衣、煮粽粑用的原料。侗族建新屋上梁、贺礼、红白喜事、劳动、外出包饭、打油茶等都离不开糯谷、糯米、糯饭。糯谷用途广，是侗族种植糯谷的原因之一。

侗家人有稻田养鱼的习惯，放养方式主要有两种：一是"稻鱼连作"；二是"两秧两鱼"轮作。以养鲤鱼、草鱼为主。鲤鱼，几乎家家都养，鱼苗一般是本地自产的。鲤鱼苗有三月花和七月花两代。三江晒江的鱼苗因"成活率高，长得快，肉肥细嫩，味道鲜美"而出名。侗族以鱼为贵，祭"萨"时必须用鱼作祭品；老人过世必须用腌鱼祭祀亡灵；招待贵客要有鱼；重大节庆、村与村"月也"（集体作客）摆百家宴需有鱼。鱼既是侗族的独特信仰，又是民族文化的图腾。妇女穿戴的衣服、银饰，均绣有鱼骨、鱼鳞、鱼眼睛等装饰；建筑装饰图案上有鱼类图腾图案；家具、乐器上也少不了鱼类图腾图案。侗族自称为水上民族，依山傍水而居，自古鱼水相依，把鱼视为"神灵"，渴求人丁兴旺，年年有鱼（余）。总之，侗族人民的生活，许多地方与鱼有关，真可说是"侗不离鱼"。

图 11　三江侗族收获稻鱼的喜悦情景

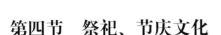

第四节 祭祀、节庆文化

在侗族叙述物种起源神话的《起源之歌》中，传说当初稻谷长得像树一样高，谷粒像柚子一样大，而且长有脚会走路，后因被一妇人用扫帚痛打，它们便一起跑到南海对岸的悬崖上躲了起来，一种说法是人类请麻雀和燕子飞过南海，用嘴衔回一小颗谷种；一种说法是人类请蚂蟥和青蛙过南海，取回一小颗谷种，因此，后来的谷子变得又细又小。为纪念祖先"萨样"（即稻谷神和酒神），侗家人在春耕播种前，每村每寨都要由活路头（必须是德高望重、精明能干、生产经验丰富的老人担任）举行起活路仪式，用公鸡、猪肉等供品敬神灵、祖先后，由活路头牵着牛，扛着犁，敲着竹竿到自家或其他人家较近的田里，架好牛，犁上两三行即可，示意吉日已选好，活路头已经起了活路。由指派人在寨上敲锣喊寨："春天来了，今天起活路。种子落到哪里，好到哪里。一粒落地，万颗生秧。种在沟头，熟在沟尾。莞莞像芭芒草大，谷穗像高粱杆长……"从第二天起，各家各户就可以犁田施粪，即可"开秧门"了。

从此，侗族地区都把农事有关的事项，作为祭祀、感恩的民俗节庆文化来开展。如：祭"萨"、祭牛节、新米节、社日节、感恩节、祭祖恩、庆丰收、过侗年等。

侗族农耕文化和农耕历程，恰如一部厚重磅礴的歌诀，从远古吟咏至今，不仅历史悠久，知识体系、技术体系、文化体系、系统特征独特，而且在生计传承与发展、集体记忆与传承方面仍保存着宝贵的文化遗产。这种文化形态，对当今提出振兴乡村战略、实施脱贫攻坚战役，均具有资源科学、生态学、环境学、历史学、民俗学、人类学等领域的科学价值和农业发展的现实指导意义。

图12 三江侗族鼓楼落成庆典的"挑担"（有米、有肉、有鱼）

图 13　侗族节庆的侗族大歌场景

图 14 侗族百家宴入席情景

图 15 2016 年三江县高山稻鱼文化节抓鱼比赛

第三章
三江稻渔资源状况

第一节　水域资源

　　三江县境内江河纵横密布，大小河川 74 条，总长度 687 千米，河网密度 0.28 千米 / 千米 ^{2}。主干流三条：①溶江（又名都柳江），境内长度 91 千米，年径流量 102.5 亿立方米。②浔江（又名古宜河），境内长度 63 千米，年径流量 58 亿立方米。③融江，境内长度 44 千米，年径流量 179.32 亿立方米。溶江、浔江南流汇于老堡，流入融江。

　　全县水域总面积 5.41 万亩，其中：水电站库区 5.07 万亩，池塘、山塘 0.3 万亩，水库 0.04 万亩。在水域滩涂总面积 5.41 万亩中，可综合利用养殖面积 1.34 万亩。另外，全县有稻田 12.63 万亩，适宜开展稻田养鱼的约占 70%，8.8 万亩，已养 7.5 万亩。

第二节　水文气候条件

一、气候类型

　　三江县处于低纬度地区，属于中亚热带、南岭湿润季风气候区。全年平均气温为 17 ～ 19℃。雨热同季，寒暑分明，春季寒潮阴雨，夏季暴雨高温，伏秋易旱，冬有霜雪。

图 16　三江县春夏秋气候情景

图 17　三江县冬天气候情景

二、气温、日照

三江县多年平均气温 17 ~ 19℃。南北气温相差 1 ~ 2℃。极端最高气温 39.5℃，最低气温零下 5℃。活动积温 20℃以上的间隔日数 149 天，活动积温日平均在 15℃以上的间隔日数为 210.2 天。多年平均日照时数 1 334.3 小时，最长的为 1 740.5 小时，最短为 1 149.2 小时。太阳辐射（包括直接和间接辐射）每年总量为 89.69 千卡 / 厘米^2。气温条件和日照能够满足鱼类的生长需要。

三、降雨

三江县处于融水、永福两个降雨中心的边缘，雨量充沛。年均降雨量为 1 548 毫米，多年平均雨日 175 天。春季（3—5 月）降雨量是全年次高峰，占全年雨量的 30% ~ 35%；夏季（6—8 月）是全年降雨高峰季节，占全年雨量 42% ~ 48%；秋季（9—10 月）雨量骤减，占全年雨量的 8% ~ 16%；冬季（12 月至翌年 2 月）雨量最小，占全年雨量的 7% ~ 12%。由于年内雨量分配不匀，夏季易形成洪涝，秋冬易形成干旱，干湿季节明显，对水产养殖影响较大。

四、径流

三江县形成径流的主要条件是降雨。全县年径流深为 1 028 毫米，年径流量为 25.02 亿立方米，每平方千米径流模数 0.032 立方米 / 秒。地表径流多以孔隙下降泉和裂隙下降泉形成补给，这两种下降泉为池塘和水田养鱼提供了优越的条件。

五、水质状况

三江县地处山区，山清水秀，水质清新，境内工矿企业少，无严重的工业污染源，广阔的山林田地，经雨水冲刷，给池塘、水库、江河水体带来大量的有机物质和营养盐类，利于水生生物的繁殖生长。据 1983 年农业区划土壤普查和水产资源的调查，山塘水库的水质为微碱性，pH 值 6.5 ～ 8，溶氧量 3 ～ 7 毫克 / 升，氯化物 1 ～ 4.5 毫克 / 升，磷酸盐 0.06 毫克 / 升，氨盐 0.001 ～ 0.5 毫克 / 升，硝酸盐 0.005 ～ 0.15 毫克 / 升。又据 1983 年 12 月原柳州地区有关专家对麻石库区的水质分析：pH 值为 7.6，NH_4-N 0.08 毫克 / 升，PO-P 0.03 毫克 / 升。各项水质指标适宜发展水产养殖。

图 18　丰富的植被滋养着侗寨万物

第三节　鱼类资源及其他水生动物资源

据 1981 年地县两级水产技术人员对境内主要干流和支流的调查，共有鱼类 108 种，隶属于四目十二科七十二属。主要经济鱼类有鲤鱼、草鱼、青鱼、鳊鱼、年拐鱼、骨鱼、鲫鱼、花榄、沙黄、金丁、钢鱼、勾鱼、竹鱼、花边鱼、拦刀鱼、船丁鱼、泥鳅、钢鳅、鳜鱼等 30 多种。其中：草鱼为池塘主养品种，鲤鱼为稻田主养品种。

三江稻田出产的鲤鱼俗称"稻田鲤鱼"或"禾花鲤"，以本地土著鲤鱼为主。三江稻田鲤鱼原产地在良口乡晒江村一带，有二月鲤、七月鲤之分，二月鲤在农历 2—3 月繁殖，当年 10—11 月收获；七月鲤在农历 7 月繁殖，翌年 5 月收获。当年收获的成鱼体长一般为 15 ～ 25 厘米，每尾体重 0.2 ～ 0.5 千克。晒江村是三江县主要的鱼苗繁殖基地，年出产的鲤鱼苗 2 000 万尾以上，除供应本县放养以外，还销售到毗邻的贵州、湖南以及融安、融水、龙胜等地。三江稻田鲤鱼肉质细嫩、鳞骨柔软、无泥腥味、味道鲜美。经检测，三江稻田鲤鱼富含硒元素，含量0.207～0.628毫克/千克，符合富硒农产品要求。"三江稻田鲤鱼"于2017年1月获得农业部《农产品地理标志登记证书》。

分布在三江侗族自治县的其他经济水生动物主要有：青虾和溪蟹等甲壳类；田螺、三角帆蚌等贝类；水生蛙类等两栖动物；龟鳖类等水生爬行动物。

图19 三江稻田鲤鱼农产品地理标志登记证书

第四节 稻田资源及生产条件

一、稻田的类型及分布

三江侗族自治县全县有稻田12.63万亩，多数分布在海拔150～600米的山岭间。县内坡陡谷深，溪河交错，山岭连绵起伏。由于地势的影响，稻田分为平畈田、冲田、山田、岗田四种类型。平畈田分布在沿河两岸的平缓地带上，主要靠小河引流灌溉；冲田在山谷间，灌溉主要靠泉水；山田在山腰坡地上，主要靠拦截小溪引流和山塘水库灌溉；岗田在山坡顶，用水主要靠天雨和引流山泉水。在四种类型田中，畈田占15%，冲田占30%，山田占35%，岗田占20%。

图20 三江县梯田模式

图 21　三江县稻田养鱼模式

二、稻田水质、土质好，饵料生物繁殖生长快

据县土壤化验分析，全县 95.3% 的稻田有机质含量大于 3%；稻田全氮含量大于 0.2%（一级）占 94.87%，0.15% ~ 0.2%（二级）占 5.13%；速效磷含量高（大于 5 毫克 / 升）的占 14%；速效钾含量高（大于 90 毫克 / 升）的占 8.02%。稻田水质多属营养型，水质、土质肥沃，浮游生物、水生植物和底栖动物等饵料生物繁茂。常见的有纤毛虫、稻螟虫、红萍、青萍、绿萍、鱼腥藻、裸藻、马来眼子菜、苦脉菜、苏甘草、水青草、水浮莲、陆地草、野茨茹、丝蚯蚓、红蚯蚓等，为鱼类提供了丰富的饵料。

三、气候条件适宜，为发展稻田综合种养殖提供了良好的自然生态环境

鲢、鳙、草、青、鲤鱼类的生长水温是 15 ~ 35℃，最宜生长温度 24 ~ 28℃。三江县多年平均气温 18.1℃，最热月（7 月）平均 27.3℃，最冷月（1 月）平均 7.5℃。大于或等于 15℃活动积温全年共 4 687℃，持续日数 210.2 天，最长年份 235 天，最短年份 186 天。一般分布规律是：西北部山区适宜鱼类繁殖生长时间 6 个月，东部山区 7 个月，南部山区 8 个月。日照时数年平均 1 336 小时，最多月（8 月）196 小时，最少月（2 月）49.8 小时。太阳辐射年平均 89.69 千卡 / 厘米^2。但是，三江是山区县，由于

山的遮挡，仍有部分山冲田的光照时数不能充分满足鱼类的繁殖生长需要。因此，根据全县稻田的保水情况、光照时数情况等生产条件的不同，在全县 12.63 万亩的稻田中，70% 的稻田适宜开展稻渔综合种养。

第五节　三江稻渔生产的分布情况

2017 年，稻渔业生产分布在全县 15 个乡镇，稻田养鱼面积达 7.46 万亩，占稻田总面积 12.63 万亩的 59.06%。稻田鱼产量 2 940 吨，产值 11 760 万元；水稻种植面积 7.46 万亩，其中再生稻 1 万亩。稻谷总产量 6 800 吨，产值 2 200 万元。详见《三江县 2017 年稻田养鱼分布、面积、产量、产值统计表》。

三江县 2017 年稻田养鱼分布、面积、产量、产值统计表

乡镇	稻田总面积（亩）	稻田养鱼面积（亩）	其中：再生稻面积（亩）	稻田鱼产量（吨）	稻田鱼产值（万元）	养鱼田稻谷产量（吨）	稻谷产值（万元）	备注
古宜	10 440	2 520	130	101	404	88.4	28.6	
丹洲	5 250	1 800	600	66	264	408	132.0	
斗江	11 100	2 250	84	89	356	57.12	18.48	
林溪	10 605	7 995	315	307	1 228	214.2	69.3	
八江	10 080	7 995	500	424	1 696	340	110.0	
独峒	14 130	10 200	143	345	1 380	97.24	31.46	
程村	2 475	1 125	700	46	184	476	154.0	
和平	3 165	1 500	500	55	220	340	110.0	
老堡	5 145	2 250	200	69	276	136	44.0	
高基	3 810	1 800	500	53	212	340	110.0	
良口	13 305	8 700	4 190	470	1 880	2 849.2	921.8	
洋溪	7 950	4 785	500	125	500	340	110.0	
富禄	11 400	8 820	635	309	1 236	431.8	139.7	
梅林	4 605	2 865	350	86	344	238	77.0	
同乐	12 855	10 005	653	395	1 580	444.04	143.0	
合计	126 315	74 610	10 000	2 940	11 760	6 800	2 200.0	

说明：稻田鱼产值按 40 元 / 千克计，稻谷产值按 3 235 元 / 吨计。

第四章
三江稻渔生态系统的历史传承

稻田养鱼是三江侗族自治县少数民族群众的传统养鱼方式，历史悠久，尤以侗、苗、瑶等少数民族为普遍。追溯三江稻鱼生产发展的历史，大致可以分为三个时期：集体种稻养殖时期、农户个体自由养殖时期和从自给自足到"三江模式"的立体商业过渡时期。

第一节　集体种稻养殖时期

三江侗族自治县集体种稻养殖时期包括 1980 年之前的不设上限的时段。据记载，1952 年全县稻田养鱼 33 711 亩，产鱼 406 650 千克，亩产 12 千克。良口公社的晒江、信峒，八江公社的高迈、福田，林溪公社的冠洞、合华、枫木、美俗等村队，稻田养鱼量居全县之首，每亩产鱼 11.25 ~ 22.5 千克。1957 年全县稻田养鱼 48 500 亩，产鱼 509 250 千克。此时期稻田养鱼的特点主要表现在：以自给自足为主；以自然养殖、无规划放养为特征；稻田虫害相对较少。

1958 年以后推广种植双季稻，养鱼与稻谷生产发生矛盾，加上施放农药防治病虫害，使全县稻田养鱼面积产量严重减少。

第二节　农户个体自由养殖时期

这个时期从 1980—2013 年，历经长达 33 年。1980 年三江侗族自治县全县稻田养鱼 36 400 亩，产鱼 149 900 千克。1981 年全县稻田养鱼 50 500 亩，产鱼 393 250 千克。八江、林溪、独峒、同乐、良口、洋溪等侗族聚居的乡，稻田养鱼的农户占当地农户数的 95% 以上。1985 年全县稻田养鱼 66 555 亩，产鱼 637 445 千克，占全县鱼总产量 848 372 千克的 75.14%。

1980 年分田到户后，国家实行家庭联产承包责任制，传统的稻田养鱼得到迅速恢复。1986 年，全县稻田养鱼 63 000 亩，平均亩产鲜鱼 10 千克。1986—2005 年，全县稻田养鱼面积每年保持在 6 万 ~ 7 万亩，约占全县稻田总面积的 50%，稻田鱼产量占全县鱼总产量的 50% ~ 60%。此时期的 30 多年来，农村稻田养鱼发生了很大的变化，也出现了一些新的特点，具体如下：

一、稻田养鱼分布

主要分布在良口、洋溪、富禄、梅林、同乐、独峒、八江、林溪、老堡等侗族、苗族地区的9个乡（镇）。1999年以前汉族地区的古宜、程村、丹洲、和平、斗江、高基等6个乡（镇）没有稻田养鱼的传统习惯，几乎不放养。2000—2005年，汉族地区也开始做了一些稻田养鱼的试验、示范。

二、稻田养鱼品种及其鱼苗来源

以放养鲤鱼为主，搭配放养少量的草鱼、鲫鱼、罗非鱼、泥鳅等。鲤鱼的鱼苗来源主要是本地农民自繁自育；草鱼、罗非鱼从外县购入；鲫鱼、泥鳅则在田内自然繁殖。鲤鱼苗有"二月花"和"七月花"之分。"二月花"是在每年的2—3月产卵孵化出苗；"七月花"是在每年的7月产卵孵化出苗。刚孵化出来的细小鱼苗称为"水花"。"水花"先集中在池塘或秧田内培育1个月左右，规格达到1寸后，再分散放入稻田饲养。

三、稻田养鱼模式

从生产季节上可分为夏季稻田养鱼和冬闲田养鱼两种模式；从稻田工程上分，主要有"平板"和"坑沟"两种模式。

夏季稻田养鱼模式：是在3月、4月放养鱼苗，秋季收稻谷时一并收鱼。一般亩产鱼10～30千克，高的可超过每亩50千克。

冬闲田养鱼模式：主要是在种植中稻地区，利用冬季闲置的农田来养鱼。秋后入冬前放养鱼苗，到翌年中稻插植前收鱼。一般每亩收鱼10～20千克，管理好的也有收鱼每亩50千克以上。

"平板"模式：田间没有开设鱼沟、鱼坑。这种模式由于水位浅，蓄水养鱼时间不长（3个月左右），每亩放养1寸长鲤鱼苗100～150尾，鱼产量一般仅为每亩10～20千克。

"坑沟"模式：每块田在田间开挖一个10～20平方米的鱼坑，鱼坑深度一般至田的硬底（50厘米左右），同时，在田间开挖"十"或"田"或"井"字型鱼沟，鱼沟宽度30～50厘米，深度至田的硬底。鱼坑鱼沟内不插秧。这种模式由于增大了稻田的养鱼水体空间，放养鱼苗可增加到每亩200～300尾，蓄水养鱼时间也较长（6个月以上），还可以夏季稻田养鱼与冬闲田养鱼连作，故这种模式鱼产量一般可达每亩50千克以上。

1990年，三江侗族自治县畜牧水产局在全县推广"坑沟式"稻田养鱼12 373亩，亩产稻谷742千克，增产2.26%，亩产鱼21.3千克，为全县本年平均亩产的2.7倍，效果显著。其主要技术是：在传统稻田养鱼的基础上进行技术革新：①开设鱼沟。在田内开设宽、深分别为30厘米左右的"十"字或"井"字型鱼沟，另开一个面积约为田块面积5%的鱼坑，沟坑相通，开设坑沟后，扩大了田鱼的活动水体范围；②改放养单一品种为多品种混养；③改放养小规格鱼苗为放养大规格鱼种。

1991—1992年，三江侗族自治县在全县推广"垄稻沟鱼"模式，在田间开沟起垄，垄面种稻，沟里养鱼。沟宽30～50厘米，垄宽70厘米（每垄插4行秧）。广西壮族自治区水产局下拨 5 万元作为"垄稻沟鱼"专项鱼苗补助经费。县成立"垄稻沟鱼"领导小组。水产、农业、生资、科委、农委、统计等部门共同参与。对合格的"垄稻沟鱼",每亩补助鱼苗 300 尾,每亩补助化肥 30 元。1991 年,全县完成"垄稻沟鱼"1 517亩,亩产鱼 25.1 千克,增产稻谷每亩 63.5 千克;1992 年全县完成"垄稻沟鱼"5 493 亩,亩产鱼 28.2 千克,每亩增产稻谷 56.8 千克。虽然"垄稻沟鱼"取得稻、鱼双增的效果,但是由于开沟起垄操作繁杂、耗时太多,农民不太愿意做,故 1992 年以后,这种模式已中断下来。

1996 年,全县稻田养鱼 62 400 亩,主要有"坑沟式"和传统的"平板式"两种类型。鱼产量 510 吨,平均亩产鱼 8.2 千克。

2000 年 8 月至 2002 年 12 月,由广西壮族自治区水产技术推广总站牵头,组织三江、融水、环江县实施全国农牧渔业丰收计划项目——"广西桂西北山区冬闲田养鱼配套增产技术"。全县每年实施 2 万亩,两年累计实施面积 4 万亩。项目在良口、林溪、独峒、八江、同乐、洋溪等 6 个乡实施。其中独峒乡平流村示范面积 50 亩,平均每亩收鱼 96千克,最高亩产达 113.4 千克。该项目于 2004 年获国家农业部二等奖。

2005 年,全县稻田养鱼面积 68 700 亩,鱼产量 1 070 吨,平均亩产鲜鱼 15.57 千克。2011 年,三江县良口乡提出"两茶一鱼"工作思路,形成良口乡特色产业。当年,该乡禾花鲤养殖基地面积 1 300 多亩,硬化田埂养鱼达 600 多亩,亩产成鱼达 100 千克,基地分布于晒江、产口、和里、南寨及良口等村。

多年来,三江侗族自治县稻田养鱼生产已经演化成当地的民俗习惯。比如说三江侗族自治县良口乡把"禾花鲤"打造成当地的特色产品。该乡村民传统上有将鲤鱼放养在稻田里的习惯,因在稻田里混养、不放任何合成饲料喂养的鲤鱼,鱼肉鲜嫩香甜,俗称为"禾花鲤"。主要产地以良口乡晒江村和洋溪乡信洞村为中心的溶江河一带。这里的保水田长年放养鲤鱼,有冬鱼春收、春鱼夏收、夏鱼秋收的传统,有野外烧鱼庆丰收的习俗,尤其是洋溪、富禄、梅林、良口 4 个乡 30 个村寨把"烧鱼"作为一个节日来过,各家各户在秋收结束的最后一天,请所有的亲朋好友到山上吃"烧鱼"庆丰收。由于各家各户完成秋收时间不相同,吃"烧鱼"时间也不尽相同,像洋溪乡—富禄乡—梅林乡沿河百里稻田,秋收期间,田野天天有烟火,处处吃"烧鱼",你若感兴趣走过旁边,主家会邀请你入围,用一条烧好的鲤鱼和一杯自酿米酒向你敬献,共庆秋收,预祝来年"禾花鲤"更大更肥。

四、放养方式

主要有两种:一种是"稻鱼连作",即一鱼两稻的放养方法。鱼苗在头苗开始插秧时放进田里,在二苗收割之前捕捞,稻换季不影响养鱼。这种养鱼方法的连作田,多水源充足，通风向阳，田埂坚实，能保水蓄肥。良口、勇伟、富禄等乡大部分农户均采用此种方法。另一种是"两秧两鱼"轮作，即利用中、晚稻秧田培育鱼苗。①早稻插秧后，在中稻秧田里培育鱼苗，50～60 天后，再将鱼苗投放大田。②利用晚稻秧田培育鱼苗，到晚稻插秧时将鱼苗投放大田。由于秧田肥沃，鱼苗生长较快，苗江河一带多用此法。

五、放养技术措施

三江稻田养鱼的主要技术措施有如下几点：

一是正确处理好稻、鱼关系。种植中稻多以粳糯为主。中稻插秧 5 天后，就可以蓄水养鱼。一般每亩放养 1 寸规格左右的鲤鱼 150～200 尾，草鱼 10～20 尾为宜。草鱼长至 0.5 千克后，则应搬进鱼塘继续放养，否则就会影响水稻生长。早稻插秧在 4 月中下旬，与放养"三月鲤"有矛盾，所以群众把"三月鲤"先寄养在池塘或未插秧的中稻田里。待早稻插秧 25 天后再转移到大田放养；早稻田一般不养草鱼，晚稻田主要放养"七月鲤"。

二是开挖鱼沟鱼坑，解决养鱼与晒田的矛盾。水稻大多数要进行晒田，晒田之前，先挖好鱼沟鱼坑。鱼沟宽 0.3 米，深 0.24 米或至硬底。鱼坑深 0.45～0.6 米，周宽 1 米。沟内的禾苗要移入沟边禾行里。晒田时将鱼赶入沟、坑内，晒田后灌水恢复原样。

三是巧放农药，确保水稻杀虫灭病效果与鱼类安全。水稻需要喷撒敌百虫、六六六粉、乐果乳等农药时，先将田水灌满，喷药后排干，再灌新水。如虫害较轻，可分两次喷药，先喷一半，隔儿天后再喷一半。如施用毒性较大的农药，则应事先把鱼搬走，待药质消失后，再移回原田放养。

第三节　从自给自足到"三江模式"的立体商业过渡时期

三江侗乡人民自古以来就有稻田养鱼的传统，但过去一直以自给自足为主，产量不高，难以供应市场，百姓无法从中增收。为了把这一传统产业进一步做大、做强、做优，促进农业增效农民增收，2014 年以来，三江县在上级的大力支持和帮助下，整合投入资金 1.8 亿元，以"整乡推进"、示范带动的方式，在全县范围内，对传统的稻田养鱼模式进行技术升级创新，打造"再生稻＋鱼""稻＋泥鳅""稻＋螺""稻＋鱼＋瓜果"等多种立体综合种养的"广西三江模式"，收到了"一水两用，一田多收，稳粮增收，产业扶贫"的良好成效。

2016 年 12 月，自治区水产畜牧兽医局确定三江为"广西稻田综合种养示范县"，并于 12 月 12 日邀请中国科学院桂建芳院士到三江侗族自治县挂牌成立"广西稻田综合种养县级院士工作站"。2017 年 1 月，"三江稻田鲤鱼"获得国家农业部地理标志登记保护证书。2017年9月15日，国家标准委员会确定在三江创建"国家稻田养鱼标准化示范区"；2017年10月16—17日在三江县程村乡大树村稻田综合种养示范基地成功召开"全区现代生态农业系列现场会"；2017年11月22日"中国水产科学研究院珠江水产研究所稻鱼健康生态养殖研发基地"落户三江，并在和里村建立200亩的示范基地；11月24—26日，由良口乡和里村盘龙种稻养鱼农民专业合作社代表三江县参加在上海举办的全国稻渔综合种养模式创新大赛中，获得"绿色生态奖"。

图22　广西稻鱼综合种养示范县院士工作基地（三江县夏村）

图23　珠江水产研究所在三江县良口乡和里村设立的研发基地

2017年，全县稻渔综合种养面积7.5万亩，占全县稻田面积12万亩的62.5%，其中：田基硬化改造4万亩，在程村、良口、丹洲、斗江等乡（镇）建立坑沟式标准化示范基地2 000亩，"再生稻＋鱼"模式8 000多亩。全县稻田放养各种鱼苗1 600多万尾，稻田鱼产量 2 940 吨，平均亩产鲜鱼 39.2 千克，其中：坑沟标准化模式平均亩产鲜鱼60.2 千克，再生稻平均亩产 300 千克，鲜鱼平均 40 元 / 千克，再生稻 4 元 / 千克，"再生稻＋鱼"两项合计每亩产值 3 608 元，扣减鱼苗成本 150 元 / 亩，鱼苗饲料 150/ 亩，稻谷肥料 150/ 亩，每亩增加纯收入 3 158 元。稻渔综合种养产业覆盖 70% 以上的贫困户，贫困户从稻渔产业中每户均增收 1 000 元。

图 24　丰收的喜悦

图 25　三江侗寨田头烤鱼传统模式

图 26 节庆烤田鱼情景

2018 年，根据国家农业农村部《"三区三州"等深度贫困地区特色农业扶贫行动工作方案》（农办计 [2018]3 号）等文件精神，国家农业农村部挂点扶贫三江，重点扶持三江的稻田养鱼和茶叶扶贫产业。三江县委、县人民政府抢抓机遇，坚决贯彻落实中央脱贫攻坚决策部署，集中资源，聚焦脱贫攻坚，以产业扶贫为根本，按照"山山有茶、田田有鱼"的生态目标要求，持续大力推广"优质稻＋再生稻＋鱼＋螺"模式，印发了《三江县 2018—2020 年推广稻田综合种养项目工作实施方案》（三政办发 [2018]2 号）。全县计划新建稻田鱼坑 4 万个（2018 年 1 万个，2019 年 2.5 万个，2020 年 0.5 万个）。至 2018 年 6 月 8 日止，已完成鱼坑建设 12 610 个，稻田建设面积 9 424 亩，投放螺种 2 万斤，投放各种鱼苗 1 200 万

图 27 按三江县水产畜牧兽医局统一的标准新建的稻田鱼坑

尾。第一季度稻田鱼产量 793 吨，同比增长 8.9%。

多年以来，三江县稻渔综合种养产业发展，得到了区、市等上级业务部门以及国家农业部的高度重视，在项目、资金、技术等方面都给予了大力扶持。例如：广西壮族自治区水产引育种中心、广西壮族自治区水产技术推广总站两年来已经免费赠送 400 多万尾、价值约 180 万元的鱼苗支持三江的稻田养鱼。

图 28　给农户分发鱼苗

图 29　给村民示范如何科学投放鱼种

三江县高山稻鱼鱼苗发放现

技术篇

第五章
三江稻渔生态系统蕴含的综合技术

　　稻渔生态系统是充分利用稻田生态条件，创造稻鱼共生的良好生态环境，发挥稻鱼各自的增产潜力，仿自然生态系统生物结构原理建立的人工生态系统。稻渔生态系统能够节约宝贵的土地资源，减少饵料和肥料的使用量，营造出良好的立体生态系统，既有利于稻鱼的生长，又能够降低稻鱼的病害发生率，同时还能提升种养产品的品质，能够产生良好的生态效益、经济效益和社会效益，能够实现"一地两用""一水两用"，互利互惠，相得益彰。

　　三江地区水资源丰富，稻田资源较为紧缺，合理利用当地资源开展稻田综合种养，提高经济效益，是当前农村经济发展和脱贫致富的新途径。三江稻渔养殖历史悠久，根据三江多年的稻渔养殖经验，种养的稻鱼能很大的提高稻田的综合产量及效益，是一种双赢的养殖模式，前景广阔。

图30　稻鱼共生双丰收

第一节　稻渔工程

一、稻田选择与要求

1. 水源要求

水源水质清澈，无污染，水量充足，有独立的排灌渠道，排灌方便，旱不干、涝不淹，田埂设有进、排水口，并能确保稻田水质、水位能够及时控制。

图31　三江侗寨稻田水源多为山泉水

图32　丰富的植被蕴藏着清澈的山泉水

2. 稻田土质要求

一方面保水力强，无污染，无浸水、不漏水；另一方面要求稻田土壤肥沃，呈弱碱性，有机质丰富，稻田底栖生物群落丰富，能为鱼类提供丰富多种的饵料生物原种。pH值呈中性至微碱性的壤土、黏土为好，尤其以高度熟化，高肥力，灌水后能起浆，干涸后不板结的稻田为好。

图33　山江侗寨标准化的稻渔工程

35

3. 光照条件要求

光照充足，同时又有一定的遮阴条件。稻谷的生长需要良好的光照条件进行光合作用，鱼类生长也需要良好的光照，因此养鱼的稻田一定要有良好的光照条件。但在我国南方地区，夏季十分炎热，稻田水位又浅，午后烈日下的稻田水温常常可达40～45℃。而35℃以上时，就开始严重影响鱼类的正常生长。

图34　阳光普照下的侗寨稻田

二、田埂修整

1. 田埂修整要求

要加高加固，一般要高达到40厘米以上，捶打结实、不塌不漏。鱼类有跳跃的习性，如鲤鱼有时就会跳越田基；另外，一些食鱼的鸟也会在田基上将鱼啄走；同时，稻田时常有黄鳝、田鼠、水蛇在田基上打洞，引起漏水跑鱼。因此，农田整修时，必须将田埂加高加宽，夯实打牢。

2. 田埂建设参数

在田埂内侧用砂石水泥浆硬化，硬化厚度为：顶部宽10厘米，底部宽12厘米；硬化高度为：以田埂硬底基脚为起点，至高出田土表面40厘米以上。田埂面宽40厘米左右。

图 35　田埂硬化模式

三、鱼坑建设

鱼坑建设标准与方法：根据田块的不同大小，每块稻田在进水处或在田头田角开挖一个 10 平方米以上的鱼坑。将鱼坑内的田土清除，堆放夯实于田边，用于种植瓜、果、菜，或用于建坑基。鱼坑深度入土 60 厘米，蓄水深度达 80 厘米以上。鱼坑四周内墙壁用水泥硬化（不作硬性要求），也可用木桩、木板、片石等材料挡土，防止田土倒塌入坑。每个鱼坑开设 2 ～ 3 个出水口与大田的鱼沟相通相连，便于鱼的进出活动。鱼坑内不种稻，鱼坑上方用竹木树枝等材料搭棚遮阳，或种上瓜果遮阳。

图 36　砖混结构建设的鱼坑模式

图 37　木板护坡结构建设的鱼坑模式

四、鱼沟建设

耙田后插秧前,根据田块大小、形状不同,在田间开挖"田"字型或"十"字型或"目"字型等不同形状的鱼沟,鱼沟深度、宽度 30 ~ 50 厘米(鱼沟与鱼坑相通)。鱼沟的作用,一是当夏日高温、晒田、水浅、水稻防病施药时,作为鱼类的躲避栖居场所;二是作为鱼类从鱼坑向大田觅食、活动的通道。

图 38　生产过程稻田鱼沟与鱼坑情形

图 39　生产过程稻田鱼沟与鱼坑情形

五、拦鱼设施安置

在进、出水口都要设置拦鱼设施,防止鱼类外逃。拦鱼设施一般用竹片、铁筛片或尼龙网片等材料制成。

图 40　用竹子做拦鱼栅

第二节 稻渔生态系统中生物饵料的培养技术

鱼苗下池时能吃到适口的食物是鱼苗培育的关键技术之一，也是提高鱼苗成活率的重要一环。不少养殖户没有重视施肥培水，或者虽然施了基肥但因施肥时间与鱼苗下塘的时间衔接得不好，鱼苗下塘后因缺乏食物被饿死或长得不好，在生产实践中应引起重视。因此，不同的养殖品种，培育的方式要有所不同。

①晒塘。鱼苗池在冬闲时彻底干塘，经受日晒和霜冻。这样做有利于消灭敌害生物，有利于池底有机物的分解，有利于培肥池水。

②施基肥。根据鱼苗池的底泥厚度、肥料种类、水温等情况确定合适的基肥施用量，施肥时间最好是在鱼苗下塘前 5 ～ 7 天。

③鱼苗下塘后每天泼洒粉料（蛋白质含量 40% 以上）或黄豆浆（每亩用 1 ～ 1.5 千克），使池水的透明度保持在 20 ～ 30 厘米。

图 41 养殖过程稻田鱼坑水体比较理想的水色

具体操作是：在清塘后，在鱼苗下池前 3 ～ 5 天注水 60 ～ 80 厘米，并立即向池中施放有机肥料以繁殖适量的天然饵料，鱼苗下池后便可吃到足够的适口食物，这种方法称"肥水下塘"。它的技术要点在于掌握合适的施肥时间，使施肥后浮游物的繁殖正好适合下塘鱼苗摄食的需要。池塘施肥后，各类浮游动物出现，首先是原生动物，其次是轮虫，再次是枝角类，最后为桡足类。这是由于它的成熟时间和繁殖速度不同所致。鱼苗从下塘到全长 15 ～ 20 毫米；吃食食物大小的变化一般是：轮虫和无节幼虫－小型枝角类－大型枝角类和桡足类。而鱼苗下池时的适口饵料是轮虫，因此，池中出现轮虫繁殖的高峰期正是鱼苗下池之时。这样刚下塘的鱼苗不但有充足的适口饵料，而且以后各个发育阶段也都有丰富的适口食物。这样有利于鱼苗的生长而且成活率高。所以，适时施基肥和鱼苗适时下塘是养好鱼苗的关键。

值得注意的是，欠科学追肥、豆浆或粉料泼洒得不均匀，造成水质过浓或过瘦，对适口饵料生物（轮虫和水蚤）的繁衍不利，遇天气突变时还易引起鱼苗浮头死亡；其次，是注水时间过多或注水量过大，鱼苗长时间逆流会消耗大量体力，造成鱼苗培育效果不理想的因素。

第三节　稻渔生态系统中饵料的选择

饵料是鱼类及其他水生动物的食物。稻田养殖中根据不同的生长阶段，鱼类所需的饵料有所不同。

一、生物饵料

生物饵料主要指可作为鱼类食物的浮游生物、底栖动物（水蚯蚓和水生昆虫），容易被养殖对象消化，便于培养，对水体的污染微乎其微，与配合饲料相比，种类繁多、易培养、增殖速度快、不污染水质和环境，营养均衡丰富、适口性强，能增强鱼苗的抗病能力，成本低等优点。无论是从育苗品种的营养学角度还是从育苗品种养殖环境的改善角度而言，生物饵料育苗相对于传统的育苗模式都表现出独特的优势，因此，解决生物饵料的培养问题在水产养殖业中至关重要。

①生物饵料的培养。在苗种放养前 7 ～ 10 天开始清理池塘，池塘中加入少量水，加入生石灰（每亩用 100 千克，以 30 ～ 50 厘米水深计算）和茶粕（消毒用量为 5 ～ 8 千克 / 亩，以 30 ～ 50 厘米水深计算），待药性消失后进水，用 80 目的筛绢网袋过滤，以防敌害生物进入，初期进水 40 厘米。

②农家肥培养生物饵料。在清整池塘后每亩施 500 千克发酵鸡粪，与池底一起翻耕，每亩投放大草 300 ～ 400 千克或泼施经浸泡沤熟的花生麸 10 ～ 15 千克（以干重计）。

③菌藻种培养生物饲料。根据池塘水质情况用菌藻种 1 千克 / 亩浸泡后泼洒、适时追肥，2 ～ 3 天后，泼洒 EM 菌 1 000 毫升 / 亩补充有益菌，稳定水色。

④选用生物复合肥培养生物饵料。一般用量为10千克/亩，施足基肥、适时追肥，多肥搭配、看水施肥。此后每隔3～5天追施生物复合肥一次，用量为2～3千克/亩。若施肥后3～5天池水过清应及时追肥，并引进30～50克/米³枝角类幼体或卵，以后每隔7天再追施1次生物复合肥。

⑤育苗鱼池施肥后，水质较肥，透明度达到30厘米左右为佳，各种浮游微生物的繁殖速度和出现高峰的时间不同，一般顺序为浮游植物和原生动物，轮虫和无节幼体，枝角类、桡足类，必须掌握好池水中浮游生物出现时间和高峰，要做到鱼苗适时下塘提高成活率。

图42 较理想的鱼苗培育池的水色

二、微生物发酵饲料

微生物发酵饲料是指在人工控制条件下，通过微生物的新陈代谢和菌体繁殖，将饲料中的大分子物质和抗营养因子分解或转化，产生更有利于动物采食和利用的富含高活性益生菌及其代谢产物的饲料或原料。狭义方面微生物发酵饲料是指利用某些具有特殊功能的微生物与原料及辅料混合发酵，经干燥或制粒等特殊工艺加工而成的含活性益生菌安全、无污染、无药物残留的优质饲料。

1.微生物发酵饲料对鱼类生长影响

改善动物胃肠道微生态环境。微生物发酵饲料含有乳酸菌、酵母菌、芽孢杆菌、链球菌等各种有益菌，动物采食后，占有绝对优势的有益菌群就会产生有机酸使消化道内pH值降低，抑制其他病原性微生物生长。

补充营养成分提高饲料利用率。微生物饲料经发酵后能产生多种不饱和脂肪酸和芳香酸，具有特殊的芳香味和良好的适口性，可明显提高动物采食量。微生物发酵饲料在动物体内代谢可产生大量的蛋白酶、淀粉酶、纤维素酶、植酸酶等酶类及多种促生长因子，还可产生一定量的 B 族维生素和氨基酸以及其他一些代谢产物作为营养物质被鱼类吸收利用，从而促进鱼类的生长发育和增重。

防止有害物质产生。微生物发酵饲料不含任何抗生素，无毒副作用，直接饲用微生态制剂，有益菌在肠道内能形成致密性膜菌群，形成生物屏障，防止有害物质和废物的吸收。提高机体免疫功能。微生物发酵饲料中的有益菌是良好的免疫激活剂，能刺激肠道免疫器官生长，激发机体发生体液免疫和细胞免疫。直接饲用微生物发酵饲料可以提高抗体水平或提高巨噬细胞的活性，增强机体免疫能力，及时消灭侵入体内的致病菌，从而提高鱼类对多种疾病的抵抗力。

2. 微生物发酵饲料制作

微生物发酵饲料原料选择。统糠或草粉 53%、麦麸 17%、玉米 15%、饼粕 11%、糖蜜或红糠 2%、有益菌种 2%（含纤维素分解菌类、芽孢杆菌类、乳酸菌类、双歧杆菌类、酵母菌类等五大类菌群几十个菌种），按照上述配方分别称取原料，粉碎后过筛（孔直径 1 毫米），然后搅拌均匀备用。

菌种的溶解。在桶中放入温水（温度为 30℃），加入红糖搅拌均匀，加入固体菌种搅拌均匀，然后再加入液体菌种搅拌均匀，放置 1 小时。有益菌种有固体型和液体型两种，若使用固体型有益菌种，则可将其直接加入原料中搅拌均匀即可，若使用液体型有益菌种，则可先将其倒入无漂白粉的自来水或深进水中溶解后，再将红糖或糖蜜掺入，制成含糖菌水。

与饲料粉料混合发酵。将搅拌均匀的菌种加水稀释至 10 倍，再以 1∶4 比例与饲料混合均匀，使发酵料的含水量达到手捏成团、落地即散的程度，将拌好的发酵饲料装于塑料桶或陶瓷缸中或水泥池内，将料压实后，用直径 2～3 厘米的木棒在发酵饲料中打孔到底，孔距为 5～10 厘米。然后用木板或薄膜盖好让其自然发酵。一般气温在 25℃以下时，发酵时间为 4～5 天，气温在 25℃以上时，则为 2～3 天。当闻到酒香味即为发酵成熟。发酵后，pH 值达到 4～5 以下，并有浓郁的酒香味，即为发酵成功。

3. 添加投喂量

生物发酵饲料含有较多的纤维分解菌、半纤维分解菌、微生物酶的有益微生物，不但能将鱼类难以消化吸收的粗蛋白质、淀粉中的大分子物质，加工分解转变成易消化吸收的葡萄糖、氨基酸和维生素等小分子营养物质，而且能大大降解粗纤维，产生大量的生物活性物质，从而提高饲料的消化吸收率和营养价值。发酵饲料日常情况下以 5%～10% 比例添加于日粮中进行投喂。

三、人工配合饲料

主要依据养殖对象对蛋白质、脂肪、碳水化合物、维生素、矿物质等主要营养物质的需求，选用若干种原料和添加剂，经混合和机械加工而成的人工饵料。配合饲料可提高饵料的适口性、品质和利用率、蛋白质可消化率和淀粉胶质化程度。

1. 配合饲料的优点及分类

配合饲料优点可以提高饲料转化，利用方便，简化了养殖者的生产劳动，应用面广，商品性强，规格明确，能够保证质量。

从营养方面配合饲料分为添加剂预混合饲料、浓缩饲料、全价配合饲料。

图 43　鱼用人工配合饲料

2. 配合饲料的选择

在养殖过程中，根据鱼规格大小选择不同型号的配合饲料，原则上要具有适口性、在水中较小的溶失率。当鱼苗较小，食性刚处于转化阶段，要选择高蛋白营养丰富饲料以促进鱼的快速健康生长，一般选择 36% 以上蛋白的饲料，投饲率为 5%～7%，不能投喂过期、发霉或来源不明的饲料。

四、花生麸

花生麸也叫花生仁饼，片状，是花生仁通过加工榨油以后产生的附产物，它含有很丰富的粗蛋白和残留油分，因而营养价值较高。花生饼中的粗脂肪和粗蛋白含量相当丰富，其粗蛋白质含量约 44%，浸提粕约 47%，是许多饲料所不及的；含水分 12%，有机质 80%，氮 6.39%、磷 1.17%、钾 1.34%。在氨基酸中，组氨酸、精氨酸和亮氨酸的水平高，赖氨酸、蛋氨酸和色氨酸的含量较低，特别是蛋氨酸含量较少。在维生素和无机物的含量方面，烟酸、泛酸、硫胺素和胆碱的含量高，胡萝卜素和维生素 D 较少，核黄素居中。优质花生

图 44　花生麸

麸入口香甜，如花生味，适口性好，高档膨化料里使用效果很好。

五、麦麸

麦麸即麦皮，小麦加工面粉副产品，麦黄色，片状或粉状。麦麸的营养成分就是小麦籽粒的皮，麦皮的端部有部分胚芽（也就是麦子生芽的部位），占麦皮总量的 5%～10%，含有大量的维生素 B 类。

六、米糠

米糠是稻谷经过加工后产生的一种副产品，又叫做米皮。米糠由种皮和胚组成，米糠中含有蛋白质、脂肪、糖和热量。氨基酸平衡情况较好，其中赖氨酸、色氨酸和苏氨酸含量高于玉米，但与动物需要相比仍然偏低；米糠粗纤维含量不高，故有效能值较高；米糠脂肪含量 12% 以上，其中主要是不饱和脂肪酸，易氧化酸败；米糠维生素 B 族及维生素 E 含量高，是核黄素的良好来源，其含量为 2.6 微克/克，在糠麸饲料中仅次于麦麸。含有肌醇，但维生素 A、维生素 D、维生素 C 含量少；米糠矿物质含量丰富，米糠中锌、铁、锰、钾、镁、硅含量较高。

图 45 麦麸

图 46 米糠

第四节　稻渔生态系统中鱼用饲料投喂技术及管理措施

在稻渔养殖过程中，投喂技术是直接影响饲料系数和养殖生产经济效益的重要因素。饲料的投喂技术在稻渔生产中十分重要，是实施稻田综合种养过程中需要掌握的一项实用技术。

一、投饲原则

在投喂饲料时，要坚持"四定"和"三看"的投饲原则，以提高饲料的利用效率，降低饵料系数，提高稻田养鱼户的经济效益。

1. 定时

在天气无大变化且正常的情况下，每天投饲的时间要相对固定。

2. 定量

投喂饲料要做到合理、定量、科学，不能时多时少而造成稻田养殖鱼类的饥饱不均，影响稻鱼的消化吸收和生长。

3. 定质

投喂的饲料必须新鲜、清洁、适口，保证质量，并尽量符合养殖鱼类的营养需求，腐败变质的饲料不能投喂。

4. 定位

在稻田中设置固定的饲料台，饲料投喂到食场内，使养殖的鱼类养成在相对固定的地点吃食的习惯。

5. 看天气

要注意天气、水温状况，观察鱼类的吃食情况。

6. 看水质

注意观察水质、测量水体溶氧量，依据水质好坏调整投饵量。

7. 看稻渔的生长和摄食情况

养殖鱼类在不同的生长阶段对饵料的需求有所不同。在温度适宜、天气晴朗时适当增加投饲量，阴雨天气时停止或减少投喂。

二、投饲数量

鱼类饲料投喂的基本原则是以最小的饲料消耗获取最大限度的鱼产品，一方面要保证满足鱼类对饲料的合适摄食量；另一方面还要在最少的饲料浪费和最小的水质影响情况下满足鱼类的最大生长。投饲数量是否科学，对饲料的利用和养殖的成本影响很大。投饲量过低时，养殖的鱼处于饥饿状态，生长发育缓慢；投饲过量，不但饲料利用率低，而且易造成水质污染，增加了鱼病的发病机会，且造成饲料浪费，人为增加养殖成本。

1. 影响投饲数量的因素

投饲数量的多少，主要受养殖鱼类的品种、规格、大小、天气、水温、水质、饲料质量，以及养殖对象的不同生长特点等因素的影响。不同鱼类因对其饲料的消化利用能力不同，摄食量也就不同，所以对投饲量的要求也不一样。

2. 养殖鱼类日投饲量的计算方法

在生产中，确定日投喂量有饲料全年分配法和投喂率法两种方法。饲料全年分配率法：首先按稻田养殖估算全年净产量，再根据所用饲料的饲料系数，估算出全年饲料的总需要量，然后根据季节、水温、水质与养殖对象的生长特点，逐月、逐旬，甚至逐天地分配投饲量；投喂率法：就是参考投喂率和稻田中鱼的重量来确定日投喂量，即日投喂量 = 稻田鱼的重量 × 投喂率，其中稻田中鱼的重量可以通过抽样计算获得。目前，一般掌握在 3% ～ 6% 为宜，当水温在 15 ～ 20℃时，可控制投饵率在 1% ～ 2%；水温 20 ～ 25℃，可控制投饵率在 3% ～ 4%；水温在 25℃以上时，可依据养殖品种、天气、水质的状况控制投饵率在 4% ～ 6%。此外，还应该根据鱼的生长情况和各阶段的营养需求，在 10 天左右对日投喂量进行一次调整，这样才能较好地满足鱼的生长需求。

3. 摄食状态与实际投饲量

养殖鱼类的吃食状态受"鱼""水""饲料"及气候条件等因素的影响。用以上方法确定的投饲量，有时是不能满足鱼的摄食量的；鱼体重量的推算也有一定的误差，必须边投喂，边仔细观察鱼群的摄食状态，灵活掌握实际投饲量，才能确保鱼饲料的高效利用。

根据实际养殖经验，提出投饲量掌握和控制在"八成饱"的范围内。保持养殖鱼类有旺盛的食欲，以提高饲料效率。

三、投饲技术

1. 投饲方法

鱼类饲料的投喂方法为手撒投喂、饲料台投喂、投饵机投喂 3 种。手撒投喂使用比较普遍。手撒投喂方法简便，利于观察鱼群的吃食和活动情况，投饲准确集中，使用灵活，易于掌握，而且有节约能源的优点；其缺点是耗费人工和时间，对于中小型渔场，劳动力充足，或者养殖名、特、优水产动物时投喂饲料值得提倡这种投饲方法。手撒投喂饲料利用率高而且稳定，投喂有效率可达 80% 以上。利用投饵机投喂，这种方式可以定时、定量、定位，同时也具有省时、省工的优点。但是，应指出的是利用机械投饲机不易掌握鱼的摄食状态，不能灵活控制投饲量。另外，机械投饲成本较高，增加了养殖成本。

2. 投喂次数

科学的投喂数量确定之后，一天中分几次投喂，同样关系到提高饲料利用率和促进养殖鱼类的生长问题。投喂次数的确定也由水温、水质、天气、饲料质量及养殖鱼类品种、大小和其消化器官的特性及摄食特点决定。鲤鱼、鲫鱼、草鱼等都是无胃鱼，摄取饲料由食道直接进入肠内消化，一次容纳的食物量远不及肉食性的有胃鱼，是摄食缓慢的鱼类，一天内摄食的时间相对较长，采取多次投喂有助于提高消化和吸收率，提高饲料效率。根据稻田鱼的摄食特点、季节及水温的变化确定科学的投喂次数，一般 1～2 次／天为宜。

3. 投喂时间

每天第一次投喂时间在上午 9：00 左右，最后一次投喂的时间在下午 18：00 左右。每次投喂时间一般应控制在 30 分钟左右。

第五节　稻渔生态系统种养生产日常管理措施

一、水质管理

养鱼稻田水位水质的管理，既要服务于鱼类的生长需要，又要服从于水稻生长要求干干湿湿的环境。因而在水质管理上要做好以下几点：一是根据季节变化调整水位。4、5 月放养之初，为提高水温，鱼坑内水深保持在 0.5～0.8 米即可。随着气温升高，鱼类长大，7 月水深可到 1 米，8、9 月，可将水位提升到最大。二是根据天气水质变化调整水位。通常 4—6 月，每 15～20 天换一次水，每次换水 1/5～1/4。7—9 月高温季节，每周换水 1～2 次，每次换水 1/3，以后随气温下降，逐渐减少换水次数和换水量。三是根据水稻烤田治虫要求调控水位。当水稻需晒田时，将水位降至田面露出水面即可，晒田时间要短，晒田结束随即将水位加至原来水位。若水稻要喷药治虫，应尽量叶面喷洒，并根据情况更换新鲜水，保持良好的生态环境。

二、田间管理

1. 防逃除害，坚持巡田

养鱼稻田要有专人管理，坚持每天检查巡视两次。田间常有黄鳝、田鼠、水蛇等打洞穿埂，还会捕捉鱼类为食，因此，一旦发现其踪迹，应及时消灭。另外，还要及时驱赶、诱捕吃鱼的水鸟。稻田的田埂和进水口、排水口的拦鱼设施要严密坚固，经常巡查严防堤埂破损和漏洞。时常清理进水口、排水口的拦鱼设备，加固拦鱼设施，发现塌方、破漏要及时修补。经常保持鱼沟畅通。尤其在晒田、打药前要疏通鱼沟和鱼坑，田埂漏水要及时堵塞修补，确保鱼不外逃。暴雨或洪水来临前，要再次检查进、

图 47　日常投喂麦麸

排水口拦鱼设备及田埂，防止下暴雨或行洪时田水漫埂、冲垮拦鱼设备，造成大量逃鱼。鱼放养后要绝对禁止鸭子下田，以免养鱼失败。

2. 适时调节水深

养鱼稻田水深最好保持 7 ~ 16 厘米，养鱼苗或当年鱼种水深保持在 10 厘米左右，到禾苗发蔸拔节以后水深应加到 13 ~ 17 厘米，养 2 龄鱼的，水深则应保持在 15 ~ 20 厘米。若利用稻田培育海花，在养殖初期，鱼体很小，保持稻田水位在 4 ~ 6 厘米即可。随着水稻生长，鱼体长大，适当增加水位，一般控制稻田水位在 10 厘米以上。

一般稻田因保水不及池塘，需定期加水，高温季节需每周换水一次，并注意调高水位。平时经常巡田，清理鱼沟鱼坑内杂物。

3. 特别要做好投喂、施肥、喷药、田水调控和晒田等工作

稻田养鱼在不投饵、鱼类仅摄取田中天然饵料的情况下，亩产鱼仅为 10 千克左右；若人工投喂，则亩产鱼可达 50 ~ 100 千克，甚至还高。实践证明，以施农家肥与投喂农副产品（玉米粉、谷粉、豆腐渣、酒糟、麦麸、米糠等）、诱虫灯诱虫相结合的喂养方法，是较为理想的生态健康喂养方法。每亩田施用腐熟过的农家肥（人畜粪和沼气

图 48　生产全过程尽可能使用有机堆肥

渣水等）1 000 千克作基肥。农副产品等精料日投喂量为鱼体总重量的 3% ～ 5%。根据水质、气候、鱼的生长状况，灵活掌握追肥量和投饲量。

4. 处理好施用化肥与养鱼的关系

在稻田中施化肥是促进水稻增产的重要措施，而稻谷需要的氮、磷、钾等肥料，同时也是培养鱼的饵料生物、浮游生物和底栖生物所需要的营养盐类。所以稻田的肥料多少，直接影响鱼类的饵料丰歉，二者利害一致，没有矛盾。但在施用化肥时要注意肥料的种类和数量，否则会因施用不当造成鱼类中毒死亡。

用化肥做底肥时，一般可在整田前选用每亩 10 千克碳酸氢铵和 10 千克过磷酸钙混合施入田中，然后翻平耙田，隔 5 ～ 6 天后插秧，10 天后放鱼，对鱼无害。

施追肥时，每次每亩安全用量分别为：尿素或碳酸氢铵 5 ～ 7.5 千克；硫酸铵 10 ～ 15 千克；过磷酸钙 5 ～ 10 千克；氨水 25 千克；氯化铵对鱼类生长不利，应少施或不施。

施用化肥的方法要适当，先排浅田水，使鱼集中到鱼沟或鱼坑中，然后再施肥，让化肥沉于田底层，并为田泥和稻禾所吸收，此后再加水至正常深度，这样对养鱼无影响。

第六章
三江稻渔生态系统水稻种植技术

第一节　水稻传统种植技术

一、地块选择

水稻的种植过程中地块选择非常关键，水稻的种植地块一般选择在肥力较好、排灌便利的地块，附近有污染源地块禁止种植水稻。

二、品种选择

水稻的栽培过程中，品种选择很重要。水稻的生产应当选择中熟、抗性强、适应性广、高产稳产的品种。种子必须经过筛选，籽粒饱满、粒型整齐、无杂草种子、无病虫害。

图 49　秧田与播种模式

三、育苗

水稻播种前必须先进行晒种、盐水选种，然后用1%生石灰浸种，避免种子带菌；将育苗床的床面耕翻10厘米以上，保证床土平整、细碎，床宽一般是1.5～1.8米；育苗床的基肥一般是施用优质有机肥5.5～7.5千克/米²培肥土壤，与苗床土混拌；当气温为15℃时开始进行播种育苗；播种量因为播种方式的不同而不同，半水育苗的种子用量，一般为1千克/亩。

四、插秧

在水稻插秧前，一定要做好准备工作，首先提前对大田进行整地。大田最好是提前灌水，促进杂草种子的萌发生长，然后进行机械耙田，清除已经生长的杂草。大田整理完毕后，待气温稳定超过12℃时即可插秧。水稻的田间种植要求密度合理，以确保秧苗的质量，插秧要求做到浅、直、匀、稳、足。

图50 秧苗培育

图51 进入分蘖期的秧苗

五、田间管理

1. 土壤施肥

可以通过秸秆还田技术对土壤进行培肥，就是在秋季进行收获时候将秸秆、稻草充分切碎，均匀撒在大田里，然后进行深翻，将秸秆、稻草与土壤混匀。并在耙田前施入充分腐熟的农家肥作为基地。

2. 本田除草

对本田进行泡田可采取大水漫灌的方式，能够漂除土壤中的杂草种子；一般是在插秧前15天左右，将本田进行翻耕并大水淹没以灭除田间的老草，待到插秧前2～3天再次对本田进行翻耕以灭除萌生的杂草。在水稻的生长过程中发现有萌生的杂草要及时进行人工拔除。

3. 水分管理

幼穗分化到抽穗前采取浅—湿—干间歇灌溉技术，抽穗后浅水湿润灌溉，促进根系生长。井灌区采取增温灌溉技术，避免井水直接进田。要割净田埂杂草，除净田间稗穗，既可防治病虫害，又可以保证阳光直射水面，提高水温。同时，要适时早断水，促进成熟。一般黄熟期即可停水，洼地早排，漏水地适当晚排。

图 52　孕穗中的水稻

图 53 孕穗期水稻

图 54 稻穗灌浆期

图 55　水稻成熟期

4. 病害防治

水稻病害以恶苗病、稻瘟病、纹枯病以及稻曲病为常见病。可以通过培育壮秧、合理密植、科学调控肥水、适时搁田、控制高峰苗等方法来增强植株的抗性，从根本上控制病害的发生。

5. 虫害防治

危害水稻的常见害虫主要有稻象甲、稻蓟马、稻飞虱、螟虫。水稻的虫害防治首选的是农业防治，通过加强田间管理，增强水稻的抗性；物理防治是指在水稻栽培过程中使用频振式杀虫灯对趋光性害虫进行诱杀的害虫防治方法；生物防治，选用生物农药和植物性农药控制田间害虫基数；利用现有的天敌，控制害虫的种群数量。

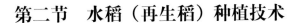

第二节　水稻（再生稻）种植技术

再生稻是通过一定的栽培管理措施，使头季稻茎上的休眠芽萌发，在头季稻收获后经培育进一步生长发育而成的一季短生育期水稻。现提出三江再生稻高产栽培技术要点如下。

一、选好品种，适时早播

再生稻的再生能力受品种的影响较大，因此，在生产中应选择再生能力强、抗逆性好、丰产性高、生育期适宜的杂交稻品种（组合），如中浙优 1 号、中浙优 8 号、野香优 3 号、野香优 688 等。

在 3 月底至清明节前采取防寒措施适时早播，可延长头季稻本田营养生长期，同时，还可在 8 月上中旬前成熟收割，确保再生稻抽穗扬花避过寒露风危害，实现两季高产。

二、培育壮秧，合理密植

头季稻是再生稻高产的基础，培育壮秧是夺取头季稻和再生稻高产的关键。建议采用编织布隔层育秧技术，并用"旱育保姆"拌种（"旱育保姆"是一种农用物资商品名称)或撒施壮秧剂培育带蘖壮秧。稀播匀播，每亩大田用种量在 0.75 ~ 1.0 千克 / 亩（秧田播种量 8 ~ 10 千克 / 亩），控制播种量和用种量，确保移栽秧苗带蘖率高和分蘖数多。

秧龄 20 ~ 25 天、叶龄 3.5 ~ 4.5 叶时及时移栽，一般每亩抛栽 1.2 万 ~ 1.5 万蔸（每平方米 17 ~ 19 蔸）。调控好水、肥，及时防治病虫害，确保亩有效穗数达到 17 万穗以上。

三、分厢栽培，节水灌溉

插秧前四周开好环田沟，沟宽 40 厘米，沟深 15 ~ 20 厘米，分厢栽培，厢宽 4 ~ 6 米，厢沟宽 30 厘米，厢沟深 10 ~ 15 厘米。移栽时厢面浅水层。水分敏感的幼穗分化期、抽穗期和施肥用药时实行浅水灌溉，其余各期以湿润灌溉为主，促进根系生长，增强根系活力。当茎蘖数达穗数苗（17 万 ~ 19 万 / 亩）的 80% 左右开始多次轻搁田，以控制高峰苗。生育后期干湿交替，以协调根系对水、气的需求，直至成熟。

四、配方施肥，补施芽肥

根据品种特性、目标产量和地力水平确定施肥量。基肥每亩施腐熟农家肥 1 000 千克（或鸡粪肥 500 千克）和过磷酸钙 30 千克、氯化钾 8 ~ 9 千克、尿素 9 ~ 10 千克。没有农家肥作基肥的适当增加化肥用量。

分蘖肥，在插秧立苗后立即进行追肥和撒施本田除草剂。亩施尿素 8 ~ 10 千克，氯化钾 6 ~ 8 千克。本田除草剂每亩用 18.5% "抛秧净"或 20% "抛秧特" 20 ~ 25 克（"抛秧净""抛秧特"都是农用物资商品名称）。

穗肥，在有穗分化开始前 3 天追施尿素、氯化钾各 5 ～ 6 千克。

促芽肥，在水稻齐穗后 15 天（收割前 15 天），本着肥田少施、瘦田多施的原则，因地制宜地补用促芽肥，亩用尿素 8 ～ 10 千克。

五、防控病虫，保护稻桩

头季稻生长好坏，直接制约着"潜伏腋芽"的萌发，影响到再生稻的产量。因此，要加强螟虫、稻飞虱、稻瘟病、纹枯病等的防治，保护好茎秆与叶片。除了在齐穗期全面防治一次病虫外，还必须在齐穗 15 天左右着重防治一次稻飞虱、纹枯病。

头季稻95% 左右黄熟，休眠芽开始破鞘现青时收割。收割时，要做到整齐一致，平割，不要斜割，保证再生苗质量。适宜的留桩高度是 33 ～ 35 厘米。脱粒时，将打谷桶或打谷机放在田边或田埂上，尽量不踩或少踩禾蔸。严防禽畜鼠害糟蹋以确保苗数。

图 56　再生稻不同留桩高度对比

六、追施促苗肥，完熟收获

头季稻收割后及时灌水，收割后 2 ~ 3 天，促苗肥每亩施尿素 5 ~ 10 千克、钾肥 10 千克，促使再生苗整齐粗壮。施肥后保持湿润灌溉至抽穗。即将破口抽穗时，每亩用植物生长调节剂"920"2 克和尿素 0.5 千克兑水 50 千克进行叶面喷施，防止包颈，提高抽穗整齐度。抽穗扬花时，灌浅水养穗防寒。齐穗后每亩用磷酸二氢钾 100 ~ 150 克兑水 50 千克叶面喷施，增强叶片活力、提高结实率。灌浆后，转为干湿交替的灌溉方式，养根保叶，促进后期光合产物生产与运转，成熟时再落干田。

再生稻要及时用对口农药防治螟虫、稻飞虱、稻蟓蟓、稻瘟病、纹枯病等病虫危害和鼠害。

再生稻抽穗成熟时间参差不齐，青黄相间，因此，不宜收割太早，应在全田完熟以后再收，以免影响产量。

图 57　再生稻出苗期

图 58　再生稻长势

图 59　再生稻抽穗期

图 60　再生稻成熟期

第三节　稻鱼综合种养水稻病虫害防治技术

稻、鱼共生种养栽培模式可有效防控重大害虫的种群数量，特别是对稻飞虱有很好的控制效果，但在病虫害防治上仍需加强对稻纵卷叶螟、二化螟、稻瘟病、纹枯病等病虫的防治工作，采取有效的防治措施，培育好高产稳产的健康禾架，夺取稻鱼双季丰收。

一、农业防治

①通过施用农家肥，增施磷钾肥，增强禾苗的抗性，减轻病虫害的发生。

②采用合理密植，适当加大栽植规格，稻田放养鸭、鱼等结合、培养健康栽培等农艺措施，减少病虫害的发生。

二、物理防治

①按每30～50亩安装一盏振频式杀虫灯的标准诱杀鳞翅目、同翅目等趋光性害虫。

②按每亩放置30～40张黄板、蓝板等色光板诱杀趋色性害虫。

图 61　用黄板诱杀虫

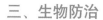

三、生物防治

通过选择对天敌杀伤力小的低毒生物农药，避开天敌对农药的敏感时期，创造适宜天敌繁殖的环境等措施，保护天敌；利用及释放天敌控制病虫害的发生。在病虫害发生始期抓好时机使用枯草芽孢杆菌、苏云金杆菌等生物农药防治。

四、化学防治

①秧苗移栽前5～7天，可选用氯虫苯甲酰胺（康宽）、阿维菌素、丙溴磷、醚菊酯、吡蚜酮、噻嗪酮、吡虫啉等药物之一加三环唑等药物喷雾作"送嫁药"，防止带病虫到大田。

②移栽后20天左右水稻进入分蘖期，稻田放有鱼苗，视田间病虫发生情况，可选用氯虫苯甲酰胺（康宽）、苏云金杆菌、阿维菌素等药物防治稻纵卷叶螟、二化螟等害虫；可选用醚菊酯、吡蚜酮、噻嗪酮等药物防治稻飞虱等害虫；可选用啶氧·丙环唑（杜邦法陀）、咪鲜胺、三环唑等防治稻叶瘟等。

③6月中旬是防治病虫害的关键时期，禾苗已进入分蘖期、圆梗拔节期时，视田间病虫发生情况，可选用氯虫苯甲酰胺（康宽）、苏云金杆菌、阿维菌素等药物防治稻纵卷叶螟、二化螟等害虫；可选用醚菊酯、吡蚜酮、噻嗪酮等药物防治稻飞虱等害虫；可选用枯草芽孢杆菌、多抗霉素、春雷霉素、咪鲜胺、三环唑防治叶瘟；可选用啶氧·丙环唑（杜邦法陀）、井冈·腊芽菌、井冈霉素、烯肟·戊唑醇等药物防治稻纵枯病、稻曲病。

④水稻破口期是防治病虫害的关键时期。根据禾苗生长情况、气候条件及病虫发生趋势，在水稻大胎破口前3天左右，可选用醚菊酯、吡蚜酮、噻嗪酮等药物防稻飞虱等害虫；可选用啶氧·丙环唑（杜邦法陀）、三环唑、井冈霉素、枯草芽孢杆菌可湿性粉剂等防治稻穗颈瘟、稻纵枯病、稻曲病等。

⑤齐穗后，根据气候条件及病虫发生趋势，可选用啶氧·丙环唑（杜邦法陀）、咪鲜胺、三环唑、井冈霉素等防治稻纵枯病、稻穗颈瘟、稻曲病等。

以上药物高效低毒，对鱼类影响很小，喷雾时要均匀，以喷湿叶片为宜，药物应交替使用。同时要根据水稻生长各时期病虫害的发生情况，当大田病虫害发生达到防治指标时，在发生初期，及时喷药防治。

几种鱼病防治技术如下：

①细菌性烂鳃病：此病在夏季流行。症状：鱼体变黑，头部颜色呈暗黑色，鳃丝腐烂，鳃盖骨的内表皮往往充血，鳃部组织被破坏或腐蚀成一两个透明的小洞（俗称开天窗）。防治方法：每半个月用生石灰或漂白粉溶水后向鱼沟内泼洒。

②肠炎病：草鱼、鲤鱼和鲫鱼都易得此病，每年的4—10月流行。症状：病鱼行

动缓慢、迟缓，离群独游于水面，肛门红肿，腹部膨胀并有红斑，挤压腹壁有黄红色腹水流出，肠壁局部充血发炎，肠内无食物，黏液较多，死亡率较高。防治方法：不投霉变、粗硬的饵料，鱼体和喂养工具用10毫克/升浓度的漂白粉液浸泡，定期施石灰。病鱼用磺胺胍或大蒜制成药饵进行投喂，每隔2天投喂1次，连续投喂4次。

③赤皮病：又名出血性腐败病、赤皮瘟。常与烂鳃病和肠炎病并发，终年都可见。症状：病鱼鳍条基部充血，鳍条末端腐烂，鳍条间组织坏死，鳍条往往有水霉菌寄生；病鱼的体表局部出血发炎，鳞片脱落，鱼体的两侧及腹部发炎更为明显，病鱼有时肠道也充血发炎。防治方法：对病鱼进行杀菌消毒。治疗方法：使用8%的二氧化氯或10%的聚维酮碘全田遍洒，每15天使用1次。

④锚头蚤病：俗称锚头虫，寄生在鲤鱼、鲢鱼、鳙鱼和草鱼等鱼的体表，常年均有发生，对幼鱼危害严重，对成鱼影响其生长速度。症状：病鱼的体表上可见到形如铁锚的寄生个体或群体。防治方法：彻底清田消毒，用晶体敌百虫溶水后进行全田遍洒，每15天使用1次，连续使用2～3次。

第四节 稻鱼综合种养农药使用注意事项

稻田养鱼是人工的稻鱼共生生态结构，将种植业和养殖业结合起来，把两个生产场所重叠在一起，充分利用这个生态环境，发挥水稻和鱼类共生互利的作用。稻田养鱼后，有利于稻田灌溉，调节稻田的地温，增加溶解氧，促进微生物增长，加速有机物分解，使土壤养分转化率提高，减轻虫害，提高稻谷产量，达到稻鱼双丰收。但是，由于鱼类是有生命的活体，对农药很敏感，为了避免农药对鱼的伤害，对水稻使用农药防虫灭病时要注意：

①水稻病虫害发生未达到防治指标时，不盲目使用农药；当病虫害发生达到防治指标后，若确需用农药防治，应在害虫发生低龄期或病害发生初期，使用低毒、高效、低残留，对鱼无伤害的农药进行防治。

②若使用对其毒性不了解或明知对鱼有一些伤害的农药，喷药时应排水露田，让鱼自然集中于鱼坑或鱼沟内，喷雾时以喷湿叶片为宜，应尽量避免农药直接滴落到鱼沟或鱼坑中，喷药后第二天要回灌深水。

③水剂、乳油剂型农药的使用时间宜在叶片无露水时进行，粉剂型则宜在上午露水未干时施用。

④按说明书标注的使用量或稀释倍数使用农药，不要随意加大药量，避免产生药害和对鱼的伤害。

第七章
三江稻渔生态系统养殖技术

第一节　稻田鲤鱼繁殖养殖技术

一、稻田鲤鱼繁殖技术

1. 亲鱼培育

培育优质的成熟亲鱼，是鱼类繁殖首要的物质基础，也是繁殖的决定性环节。培育亲鱼的方法是否合理，明显地影响亲鱼的成熟率、产卵率、孵化率、怀卵数及仔鱼的成活率。

（1）性成熟和性周期

雌鲤 2 龄开始性成熟，雄鲤 1 龄以上达到性成熟，一般 5 月为其性腺成熟和产卵的时期。产卵后的第 Ⅵ 期卵巢到 7 月吸收退化到第 Ⅰ 期，此后逐渐发育到 11 月进入第 Ⅳ 期，并以此期越冬，翌年 3—4 月，遇到适宜的环境条件，卵巢即迅速成熟很快由第 Ⅳ 期发育到第 Ⅴ 期。性成熟的雄鲤繁殖后精巢退化到第 Ⅲ 期，8～9 月进入第 Ⅳ 期，12 月进入第 Ⅴ 期，并以此期越冬。经强化培育和人工催产，部分发育较好的鲤鱼可在秋冬季节产卵繁殖。

（2）雌雄鉴别

非生殖季节：雌鱼体宽，背高，头小，腹部较大而柔软，胸鳍与腹鳍小而圆宽，泄殖腔扁平或稍突出，有辐射褶；雄鱼体狭长，头较大，腹部小而硬，胸腹鳍大而尖长，肛门略向内凹，无平行皱褶。生殖季节：雌鱼腹柔软呈圆囊形，肛门和生殖孔较大，略红而突出；雄鱼腹部较小，鳃盖、胸、腹鳍具有明显的副性征"追星"，肛门和生殖孔内凹，不红肿，轻压腹部有乳白色精液流出。

图 62　亲鱼（上为雄鱼，下为雌鱼）

图 63　亲鱼（左为雄鱼，右为雌鱼）

（3）亲鱼的强化培育筛选

经过驯化培育后，筛选个体大，体型好，活动力强而无伤，体长与体高之比为3∶1，具有典型的品种特征的鲤鱼（雌雄比例＝2∶1）作为备用亲本。鲤鱼为杂食性、食量较大的鱼类，饲养期间应给予足够的食物，同时适当补充天然饵料，并在产卵前30天用优质饲料进行强化培育，促性腺的发育。亲鱼放入培育池，放养密度为100尾／亩，水深1.2米，每天投喂鲤鱼人工配合饲料2次，投喂量为鱼体重的3%左右。经过培育亲鱼性腺发育良好。选择个体发育良好，鱼体无伤，体表光滑且活动正常个体为亲鱼。雌鱼腹部膨大柔软而呈囊圆形，仰视可见有明显的卵巢轮廓，手摸有弹性感觉，肛门和生殖孔略红肿、凸出。雄鱼胸腹鳍和鳃盖有珠星，手摸有粗糙感，肛门、生殖孔略凹下、红肿，轻压腹部有精液外流。

2. 人工催产及孵化

催产剂选用DOM+LRH-A2，采取体腔一次注射的方法，注射剂量为（3毫克DOM+10微克LRH-A2）／千克（催产剂量按每千克雌鱼计算，雄鱼减半），注射方法是将针头朝鱼胸鳍内侧向前并和鱼体表面成45°～60°插入体腔，徐徐注入药液，针头不能刺入过深（刺入0.8～1.0厘米），以免刺伤内脏。催产后将亲本放入交配池，交配池为4米×5米×1.2米的标准水泥池，水深50～60厘米。采用曝气增氧，水温为25～28℃。安装小型水泵原池循环冲水，刺激鲤鱼交配产卵。鲤鱼为黏性卵，需要有附着物以便受精卵黏附上面发育，可以采用网片、棕榈叶或蕨类植物枝叶作产卵巢。

鲤鱼亲本完成交配产卵后将其移出交配池，粘有鱼卵的产卵巢放入苗种培育池塘的网箱中孵化，网箱设置微孔曝气。

当鱼苗刚孵出时，不可立即将鱼巢取出，此时幼嫩苗大部分时间附着在鱼巢上，靠卵黄囊提供营养，直至鱼苗能远离鱼巢在池塘中游泳觅食时，才能去掉鱼巢，打开网箱，以防出苗率降低。

图64　三江稻田鲤鱼产卵池

图65　三江稻田鲤鱼受精卵粘在蕨类枝叶上

3. 苗种培育

（1）鱼苗培育

选择灌排水方便的池塘，作为苗种培育池。受精卵孵化前15天，每亩用生石灰150千克进行彻底清塘、消毒，鱼苗下塘前10天左右，注水50～70厘米，注水时用纱网过滤，避免水生昆虫、剑水蚤、野杂鱼等进入池塘，且每亩施用基肥，培肥水质，控制好鱼苗开口饵料轮虫的高峰期。鲤鱼孵出2～3天后就能够平游并开始摄食，应先投喂熟鸡蛋黄（10万尾苗投1个鸡蛋黄）。经过5～6天孵化出鱼苗，初孵仔鱼全长3.2～4.3毫米，体弯曲，卵黄囊大，呈梨形。下塘后逐渐加水深至1.5米左右，采用施肥和豆浆综合饲养法。每3天一次施追肥，让水中轮虫始终保持在一个较高水平。鱼苗培育过程中应加强巡视，观其活动、吃食、生长、水质变化，有无敌害、病害等情况。鱼种前期生长特别快，此时应加强投喂，此期投饵率可超过10%。投料坚持"四定"原则。日常管理：做好早、中、晚"三巡四查"，同时还要定期注水和做好防洪、防逃工作。

图 66　较理想的鱼苗培育池水色

（2）大规格鱼种培育

鲤鱼苗种（水花）经水池培育至 2 厘米左右，放入经清塘、培水的池塘，进行大规格鱼种培育，培育前期投喂鳗鱼粉料，体长达 5 厘米左右，开始投喂鲤鱼膨化饲料，经 30 天养殖后，平均体重达 20 克左右。

图67　大规格鱼种培育池

二、稻田鲤鱼养殖技术

1. 鱼种放养

鱼种放养时间因稻作季节和鱼种规格稍有区别，早、中稻田放养水花或夏花，可在整田或插秧后放养；如果放养3寸以上鱼种，须在秧苗返青后，主要是避免鱼种活动造成浮秧。晚稻田养鱼，只要耙田后都可以投放鱼种。双季稻田单养鲤鱼，每亩可放养10 000尾水花或者3寸鱼种200～250尾。放鱼时要注意水温差，即运鱼的水温和稻田的水温温差不能大于3℃，否则容易死亡。

2. 田水的调控

田水的调控是稻田养鱼成功与否的重要工作，既要满足稻的生长，又要适合鱼的生活。养鱼稻田的水位一般控制在10～20厘米。根据水稻不同的生长时期来调节水位：稻苗返青期，水

图68　投放鱼种

淹过厢面 5 ～ 6 厘米，利于活株返青；水稻分蘖期：水位淹过厢面 1 ～ 2 厘米，利于提高泥温分蘖，防杂草和夏旱；水稻分蘖末期，为了提高上株率，必须保持水位在厢面以下，并使田中水沟的水量保持有 2/3 的水位，满足鱼有足够的活动空间；水稻孕穗期，做到满沟水，利于水稻含苞；水稻抽穗扬花期到成熟，沟内一直保持 2/3 水位，利于养根护叶；收获期，厢面以上 5 ～ 6 厘米，利于鱼类觅食活动。

图 69　水稻孕穗期水沟满沟水

盛夏时期，水温升高到 35℃ 以上，要及时注入新水或者进行换水，调整温度。阴雨天要注意防止洪水漫过田埂，冲垮拦鱼设施，造成逃鱼损失。

图 70　水稻收获期水位在厢面上 5 ～ 6 厘米

3. 水稻田的日常管理

①注意防逃：平时要注意清理维修进出口的栅栏设备，若发现田埂倒塌和缺口，有漏洞情况，要及时修补堵漏。

②注意防高温：夏季水温升高到35℃以上，要及时注入新水或者进行换水，调整温度。

③要合理施肥：在稻田里合理用肥，既促进水稻增产，也可以促使水体生物饵料的大量繁殖，给鱼提供丰富的食物。尽量施用有机肥。施用化肥的用量和种类要合理，我们通常是以量少次多为宜。每亩稻田使用尿素4.5～5千克或硫酸铵6～7千克，施过磷酸钙4～5千克，因为氨水对鱼类有杀伤力，通常不作追肥施用。追肥时，要排浅田水，使鱼集中在鱼沟或鱼坑内，然后再施肥，所施的化肥被水稻和泥土吸收，再补水到正常深度。

图71　施追肥

④养鱼稻田中喷施农药时，一般选择对鱼类毒性小、使用方便的高效低毒，低残留的农药，如敌百虫、杀虫脒等。施药时要把握好药剂的量，一般一块田最好分两次

以上施，让鱼能避开药毒。施用农药时，尽量要避开鱼、鱼沟和鱼凼，减小农药直接与水位的接触面。施药中若发现有中毒死鱼，应该立即停止施用，并更换新水。

4. 常见病害预防

鲤鱼发生疾病往往与饲养的环境，饲养的密度等有关。常见的疾病有：肠炎病、水霉病、鲤鱼出血病、鲤春病毒病、鲤鱼白云病、竖鳞病、指环虫病等。稻田养鱼，因水浅环境变化大，水温和溶氧变化快，对于鱼类生病后的治疗相对困难，因此，稻田养鱼要以预防为主。鱼种来源要尽量避免病害发生地，鱼种放入稻田之前，必需对其进行浸洗消毒，不让病菌、寄生虫等随鱼种一起进入稻田。通常使用2.5% ~ 3%的食盐水，或者用8毫克/升的硫酸铜，也可以用20毫克/升的高锰酸钾浸洗鱼种，然后用30毫克/升的漂白粉溶液泼洗鱼沟、鱼坑。稻田里存在很多鱼类天敌，如水鸟、水蛇、水蜈蚣等，可以通过加强田间管理，防止鱼类受害，减少损失。

5. 收获上市

单养鲤鱼，每亩放养体长3厘米的鱼种300尾，秋后收获时，平均尾重可达200克以上，每亩产量可达30 ~ 40千克。捕鱼时，首先要缓慢地从排水口放水，让鱼随水流游到鱼沟或者鱼坑里，然后用鱼网捕起，放在鱼篓或者木桶里。达到上市的鲤鱼即可上市，未达到上市的可暂时留在鱼坑或者水池中，留到第二年放养。

图72　边收割糯谷，边捕捉鱼（这是传统生产劳作）

图 73　在糯谷田中抓鱼心情喜悦

图 74　在收割完水稻的田中捕鱼比赛

图 75 快乐捕鱼人

图 76 田中抓鱼比赛

图 77　收获的喜悦

图 78 开心的捕鱼人

79 收获满满

第二节 稻田罗非鱼养殖技术

一、罗非鱼的生物学特性

罗非鱼属于鲈形目、丽鱼科,是一群中小型鱼类,它的外形、个体大小有点类似鲫鱼,鳍条多棘,罗非鱼是我国水产业的主导养殖品种,属暖水性鱼类,罗非鱼具有耐低氧、生长快、产量高、发病少、繁殖能力强等优点。

1. 生长水温及盐度

罗非鱼属于广温性鱼类,生存温度为 6 ~ 41℃,最适生长温度为 26 ~ 30℃。当水温低于 18℃,开始停止摄食,低于 15℃时,罗非鱼处于休眠状态,低于 11℃并持

续数天时,罗非鱼开始陆续死亡,因此,在高山地区稻田养殖罗非鱼,须在水温不低于 15℃时收获,罗非鱼最高临界温度 40 ~ 41℃。广盐性,能在淡水、咸水中生活,罗非鱼能在高盐度(36 ~ 45)水体中正常生长发育。

图 80 罗非鱼外观

2. 食性

罗非鱼是以植物性饵料为主的杂食性鱼类。刚孵出膜的罗非鱼仔鱼为内源性营养阶段,靠卵黄囊供应营养,稚鱼期后,卵黄囊逐渐消失,由内源性营养向外源性营养转变,开始吞食小型浮游动物,主要为水中的轮虫类等无节幼体以及藻类,幼鱼阶段以枝角类、桡足类等为主要饵料,辅以摄食其动植物性饵料,随着生长逐渐转为以浮游植物为主食,罗非鱼成鱼主要吃食丝状藻类、浮萍和植物碎屑,在养殖条件下罗非鱼可全程投喂人工饵料或粗杂粮。

3. 耐低氧

罗非鱼属底层鱼类,幼鱼多集群于水域边缘,逐渐转向水体中、下层。池塘养殖条件下,水中溶氧低于 1.5 毫克/升时,鱼开始轻微浮头,罗非鱼具有耐低氧性,能耐受 0.4 毫克/升低溶氧,养殖水体以 3 ~ 5 毫克/升以上为宜。

4. 繁殖习性

罗非鱼 6 个月即达性成熟,体重 200 克左右的雌鱼可怀卵 1 000 ~ 1 500 粒。当水温达到 20 ~ 32℃时,成熟雄鱼开始挖窝巢,成熟雌鱼便进窝巢配对,产出成熟卵子含

于口腔内，雄鱼则同时排出成熟精子随水流进入雌鱼口腔使卵子受精，受精卵在雌鱼口腔内发育，当水温达 25～30℃ 时，经 4～5 天即可孵出幼鱼，幼鱼至卵黄囊消失时离开母体，罗非鱼的繁殖与一般养殖鱼类不同，其性成熟早，产卵周期短，一年能繁殖几代。雌鱼将受精卵含于口腔中孵化，因此对繁殖条件要求不严，能在小水面静水体内自然繁殖。

二、稻田养殖罗非鱼在稻渔生态系统的独特意义

罗非鱼是偏向植物性饵料的杂食性鱼类，可以摄食田间杂草、水稻脚叶、昆虫、软体动物幼虫、滤食浮游生物和细菌。据学者研究，体重为 250 克/尾的罗非鱼，排泄物 1.5 克/天，排泄物可作为水稻的肥料节省磷肥，鱼类呼吸排放的二氧化碳可以作为水稻的碳源，促进水稻生长；另一方面，偏向植物杂食性的罗非鱼觅食活动频繁，增加了水里的溶氧，并加速有机质的分解利用，同时搅动土壤，疏松土壤，增加透气性，起到松土作用，有利于水稻根系生长；罗非鱼可限制杂草生长，从而减少了肥料的损耗，具有保肥作用。罗非鱼通过吃稻脚叶减少稻飞虱、稻田蝉的发生率，水稻田病害也会相应减少，减少药物、除草剂使用，从而避免土壤的板结，水稻药物污染，水稻田产量可增加 5%～10%。

图 81　稻田里丰富的浮萍

三江高寒山区稻田植物性饵料丰富，如浮萍等，而这些饵料鲤鱼无法较好地利用，反而是罗非鱼可口的饵料，放养罗非鱼既可以解决浮萍与水稻争肥问题，又可以使浮萍成为罗非鱼主要食物。稻田放养罗非鱼，稻因鱼而优，鱼因稻而贵，既解决鱼粮争地的矛盾，拓展水产养殖发展空间，又增加种稻养鱼的经济效益，对促进农业增效和农民增收有着十分重要的现实意义。

三、田块的建设技术要点

1. 田埂的硬化和设置

①好处：防渗漏、防崩塌，起保水和防逃的作用。②高度：高出土面 40～60 厘

米。在鱼个体逐渐增长时，要适当加高水位；在收割稻谷后，冬闲田养殖时可以蓄高水位，给鱼提供安全越冬的生存环境，增加鱼产量。近两年，在三江的稻田养殖罗非鱼，周期 4 ～ 5 个月，在 4 个月时个体重是 0.25 ～ 0.4 千克，但在 5 个月时还是 0.25 ～ 0.4 千克，无增重的迹象，分析原因印证了"深水养大鱼"之说，稻田里的水深 15 ～ 20 厘米，而罗非鱼体扁，体高已有 8 ～ 12 厘米，鱼体是存在了生长的"压迫感"。鱼体不可能露出水面而继续生长增重。③环境保护作用：田埂硬化后，可以防止杂草生长，不用除草剂。④进出水口设置：条件合适的话应对角线设置，根据田块大小设置，口宽 30 ～ 60 厘米。⑤拦鱼栅（防逃）：铁筛网或网片，根据种苗大小，罗非鱼拦鱼网片可用 10 ～ 40 目，设置要大于、高出进出口溢洪口 15 厘米，最好双层设置，拦鱼网两端要插入泥中压实。

2. 鱼坑设置

鱼坑通常设置在进水口处，与稻田的鱼沟相通，面积大概为稻田面积的 6% ～ 8%，有利于稻田鱼类养殖管理，可以观察鱼的活动情况，为鱼提供避难场所，稻田晒田时，可以为鱼提供临时的活动场所；便于稻鱼的集中收捕和暂养，或者在收获水稻后还可以继续养殖，错时上市，能获得更高的经济收益。

图82　稻田养殖罗非鱼的鱼坑情形（一）

图 83 稻田养殖罗非鱼的鱼坑情形（二）

3. 鱼沟设置

挖鱼沟、鱼溜：深 30 ~ 40 厘米，宽 50 厘米，根据各家田块形状、大小面积，"丰"字型、"日"字型、"田"字型，鱼溜应在鱼沟交叉处，深 60 厘米左右，鱼沟鱼溜面积最好占整田面积 10% ~ 15%，很好地解决了种稻要浅水，养鱼要深水的矛盾，尤其是水稻分蘖时，即水稻青期后在假茎基部叶腋芽生长出新株时和水稻灌浆时，水稻田要求氧气较多，水要相对浅些，在喷农药时，鱼可在鱼沟鱼溜安全逃避。

四、罗非鱼鱼苗的放养

1. 放养前准备

（1）清除野杂鱼

在放鱼苗前杀灭稻田除鲤鱼或罗非鱼以外其他杂鱼、螺、蚬类和病原菌。常用药物：生石灰（每亩用 100 千克生石灰化水泼洒在鱼沟及田块中消毒，以 30 ~ 50 厘米水深计算）和茶粕（茶粕含皂素 12% ~ 18%，消毒用量为 5 ~ 8 千克 / 亩，以 30 ~ 50 厘米水深计算），如用生石灰消毒，第二天后，用耙子等工具将鱼沟及田泥进行翻动处理，让没有化开的石灰块与淤泥充分混合，避免养苗后伤及罗非鱼苗。

（2）稻田注水

插秧前（投放鱼种前一周左右）注水，水口拦密网（60 目）防小杂鱼随水流入，因为野杂鱼在稻田中大量繁殖，既没有商品价值，还会与罗非鱼（或鲤鱼）争食耗氧，影响稻田养殖产量及经济效益。等消毒药物逐渐失效后，追加基肥，一方面可以培养水质，另一方面可以作为水稻的营养成分。

（3）准备放养

一般在水稻插秧后 10 天左右，待秧苗返青时放养。如果水源充足并有鱼坑，可提前把鱼苗放到鱼坑处暂养，待到稻田水位提高后，打通鱼坑出口，让鱼苗游至稻田觅食。

2. 放养密度、规格及品种

可根据稻田条件、目标产量、起捕规格及估计的成活率确定鱼种放养密度。

水源充足，具有常流水的稻田可以适当提高放养密度，增加 10% 左右。①单养模式：建议鲤鱼 200～250 尾／亩，规格体长 5 厘米以上，120～150 天起捕，个体均重 200～250 克左右；罗非鱼 250～300 尾／亩，规格体长 6 厘米以上，120～150 天起捕，个体均重 350～400 克左右。②鲤鱼、罗非鱼混养模式：鲤鱼、罗非鱼以 1：2 比例搭配放养，罗非鱼放养比例增加可以有效利用高山地区稻田里的植物性饵料，如浮萍等。

图 84　根据稻田面积计算发放养罗非鱼苗

五、养殖投喂

养殖投喂根据水温、天气并结合罗非鱼等鱼类生活习性，因地制宜、灵活调整，遵循"四定三看"，定时、定质、定量、定点，看水温、看天气、看鱼情。

投喂农家饲料，投饲率为 8% ~ 12%，10 天左右调整一次投饲量，做到"四定三看"，养殖过程中可以投些农家肥，有利于水稻的生长和形成微生物食物团，方便鱼类摄食。在放苗后一个月内，建议可适当投喂全价饲料以提高成活率，但只限于前期，中后期投喂粗粮，如花生麸、玉米粉、米糠、农家肥、浮萍、有机碎屑等，这样才能保持稻田鱼有较好的品质。

图 85 发放罗非鱼苗

图 86 稻田养殖的罗非鱼成品

六、养殖日常管理

在不影响水稻生长的情况下，尽可能保持较深水位，才能提高稻鱼产量。当要施肥、喷农药时，尽可能提高水位，不低于 6 ~ 8 厘米，把鱼集中鱼沟鱼溜。下雨或雷雨前尽量不要喷药。尽量不使农药落入水中，以减少对鱼的伤害，水位低时，及时检查鱼沟、鱼溜水位，防止水干鱼死。在水稻田中后期，提高水位，保持鱼沟有微流水。定时巡看，保持水流，定期使用药物调水（生石灰 10 ~ 15 毫克 / 升），营造优良的罗非鱼生长环境。

施用农药应选用高效低毒、低残留品种，切忌使用剧毒农药。用药时最好采用喷雾方式，粉剂在清晨露水未干时喷洒，水剂在露水干后喷雾。喷药时喷嘴向上，尽量将药物喷洒在叶面上，减少落入水中的药量。施药前灌满田水，施药后及时换水，切忌雨前喷药，除草时应少用除草剂，采取手工拔除杂草，以免影响鱼类安全。

七、收获

三江县属于高寒山区，入秋后水温较低，尤其冬天，而罗非鱼属于温水性鱼类，长时间水温低于 11℃，会被冻死，在三江大部分地区无法越冬，因此，建议在 10 月底前（或水温长时间低于 14℃时）把稻田的罗非鱼全部收获，以免过冬冻死。

从养殖试验结果来看，三江稻田养殖罗非鱼取得了较好的经济效益。高迈村归座屯养殖示范点于 2017 年 6 月 19 日开始稻田放养，放鱼规格为 6 ~ 10 厘米，养殖时间截至 2017 年 9 月 8 日进行项目测产，养殖时间为 81 天，随机抽样统计鱼的平均规格：体重 249.2 克 / 尾，体长为 23 厘米，平均产量为 54.3 千克 / 亩。

同乐乡归夯村归己屯养殖示范点于 2017 年 5 月 16 日稻田放养，放鱼规格为 6 ~ 10 厘米，养殖时间截至 2017 年 10 月 17 日进行项目测产，养殖时间为 151 天，随机抽样统计鱼的平均规格：体重 266.3 克 / 尾，体长为 23 厘米，平均产量为 67 千克 / 亩。

图 87　从稻田中收获的罗非鱼

图 88 罗非鱼养殖示范点测产

表 1 同乐归夯村罗非鱼抽样测量表

测量时间	平均体重（克）	平均体长（厘米）
2017.6.17	72.2	15.4
2017.7.29	140.9	18.9
2017.8.30	224.9	19.3
2017.10.17	266.3	23.

表 2 高迈村归座屯罗非鱼抽样测量表

测量时间	平均体重（克）	平均体长（厘米）
2017.7.21	94.2	16.2
2017.8.20	178.4	20.9
2017.9.8	249.2	23.0

第三节　稻田泥鳅养殖技术

稻鳅养殖是综合利用稻田、泥鳅相结合的立体生产模式，充分利用稻田生态条件，创造稻鳅共生的良好生态环境，发挥各自的增产潜力，产生良好的经济效益、社会效益和生态效益。

一、稻田的选择

根据三江侗族自治县的气候条件和耕作制度，以及当地的地形地貌，在选择大面积的保水田同时，也可选择连片的梯田进行养殖。稻田的选择上要本着水源方便、先易后难，因地制宜的方针进行选择。

图 89　选择管理方便的田块开展稻田养殖泥鳅生产

1. 水源

水源充足，排灌方便，pH 7.0 ~ 8.5，溶解氧 > 3 毫克 / 升，水质清新，且无对渔业水质构成威胁的污染源。水质符合国家《渔业水质标准》GB 11607 的规定。有长流水的区域为佳。

2. 土壤

稻鳅养殖的土壤，应选择保水力强的壤土或黏土为佳，砂壤土次之，尽量不选泥沙田。高肥力及熟化的黏性土壤，灌水后易起浆、易闭合，干涸后不板结，具有不滞水、不渗水，保水力强、容水量大的特点。特别是稻鳅养殖过程中，所开挖的鱼沟和鱼坑需要保持一定的水深，壤土田能够保水保肥，是最佳的选择。沙泥田渗漏严重，水体和肥料流失快，使得土壤贫瘠，不建议选择。

3. 地形和面积

根据三江侗族自治县的气候条件和耕作制度，以及当地的地形地貌，选择地势要平坦、坡度较小，水源充足和光照条件较好的田块。梯田田埂要加固，以防暴雨冲垮田埂。稻鳅养殖地面积的大小，因地制宜，同时根据养殖规格、养殖时间等因素决定，一般用于泥鳅繁育的田块，面积在 300 ～ 667 平方米为宜；用于培育大规格苗种和成鳅的田块，面积在 667 ～ 1334 平方米为宜。田块最好交通方便，临近村庄，便于管理。

二、稻田工程

在稻鳅养殖前，需要对养殖稻田进行改造。

1. 加高、加固田埂

由于在稻鳅养殖的过程中，要保持一定的水位，使泥鳅能够在稻田中生存，对养殖的稻田田埂进行加高和加固。一般要求田埂高出泥面 50 厘米；宽度 30 ～ 50 厘米。田埂用石料、水泥板或三合土护坡，要把土夯实，要求田埂不漏水、大雨冲不垮，还能够在田埂上方便行走。

图 90　标准化田埂

2. 鱼坑、鱼沟建设

鱼坑和鱼沟是稻鳅养殖中不可缺少的重要工程，是解决种稻与养鳅矛盾的主要措施。鱼坑和鱼沟能够增加稻田的储水量，扩展泥鳅的活动空间，提供适宜的栖息环境和高温季节的遮蔽空间，同时还是饵料投喂和捕捞的最佳地点。

鱼坑：鱼坑是泥鳅活动、喂食和捕获的主要空间。鱼坑形状一般采用正方形或长方形，位置可选在田块一角、田埂中间或田块中央。鱼坑面积不超过田块的10%，深度60～100厘米。四周可用砖块或水泥砌好，留2～4个的开口，方便泥鳅游向鱼沟。鱼坑四周可搭棚栽种瓜、果等作物，为泥鳅提供阴凉舒适的养殖环境。

图91　鱼坑搭棚种瓜

鱼沟：鱼沟和鱼坑相通，是泥鳅向全田活动的主要通道。鱼沟可在插秧前，也可在栽秧后开挖。鱼沟深度以35～50厘米为宜，宽度以50～100厘米为宜。鱼沟的数量要根据稻田的大小而定，一般1亩以下的田块可在田中心位置开拉一条纵贯全田的鱼沟，1亩以上的田块，可开挖"十""日""田"字型沟。鱼沟能够改善田块的通风透光条件，利用水稻边行优势，保证稻米产量。

图 92 "日"字型的鱼沟

图 93 鱼坑和鱼沟相通连，泥鳅可自由出入坑、沟

进排水及防逃设施:为了保持稻田一定水位,并防止泥鳅逃跑,养殖稻田要建设进、排水口和拦鱼设备。根据田块大小及大雨时的排水量,决定进排水口的规格。进水口应高出田块约20厘米,进水口要用60目的密网进行围拦;排水口要略低于田面,可用较疏的网布、竹栅或铁网等拦好,防止泥鳅跟水逃跑。稻田四周用网布进行围栏,网布高出田埂约30厘米,防止大雨时水位上涨泥鳅逃跑。

图94　排水口加装竹栅栏模式一　　　　图95　排水口加装竹栅栏模式二

三、清田消毒

1. 生石灰消毒

在鳅苗放养前15天,每亩稻田用生石灰30千克全田消毒。主要作用是杀灭稻田中的野杂鱼、蝌蚪、致病菌和寄生虫等对鳅苗有害的生物。同时石灰能够调整土壤酸碱度,改善水质,有利于稻鳅生长。清田后7天,加水培水,每亩加发酵的农家肥或发酵的花生麸80千克,培养水质。

2. 茶麸消毒

茶麸中含有皂角甙,是一种溶血性毒素。能使鱼的红细胞溶化,能杀死野杂鱼类、螺蛳、河蚌、蛙卵、蝌蚪和部分水生昆虫,但对虾类和寄生虫作用不大。每亩稻田用茶麸15～20千克。使用时先将茶麸敲碎,可干洒,也可加水浸泡,加入少量石灰水,药效更佳。茶麸药效较长,泼洒后10天药效消失后方可培水放苗。

3. 漂白粉消毒

每亩稻田用漂白粉3千克。兑水后对全田均匀泼洒。5～7天后用试水鱼试水,确认药力消失后，方可批量放苗。

四、泥鳅的人工繁殖

开展稻鳅养殖，首先要解决鳅苗、鳅种的来源。自繁自育的鳅苗和鳅种，时间可控，成本也较低。

1. 亲本的来源和选择

泥鳅亲本来源：野外捕捞或人工养殖。选择体质健壮、体形均匀、无病无伤、性腺发育良好的个体。亲本年龄要 2 龄以上，雄鳅体重 15 克以上，雌鳅体重 20 克以上，体长 15 厘米以上。繁殖时按雌雄比例 1 :（2 ～ 3）将亲本放入亲本繁殖池暂养，放养密度为 10 尾 / 米^2。

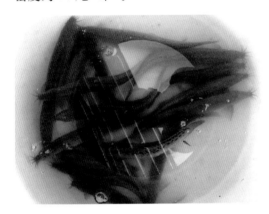

图 96　泥鳅亲本

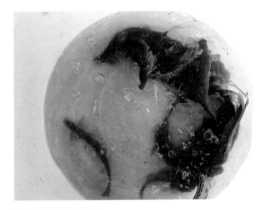

图 97　泥鳅亲本

泥鳅雌雄的鉴别：雌鳅一般大于雄鳅，雌鳅腹部较大且柔软，胸鳍较短，前端短而圆呈扇形，静止时胸鳍处于同一个平面。成熟的雌鳅腹部膨大、饱满、有弹性、生殖孔开放。雄鳅体型较小，胸鳍窄而长，其中第一、第二鳍条比其余的鳍条长，静止时胸鳍尖端部分上翘。成熟的雄鳅在繁殖季节有胸鳍和鳃盖上有"追星"，摸起来有粗糙感，挤压腹部有白色精液流出。

2. 催产药物和注射剂量

常用的催产药物有：绒毛膜

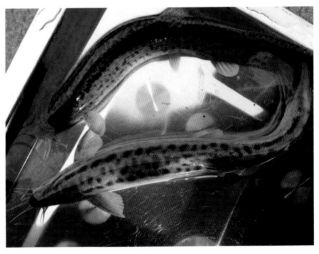

图 98　雌雄泥鳅外观：上为雌鳅，胸鳍圆润，下为雄鳅，胸鳍坚硬，第 1、2 鳍条较长，尖端上翘

促性腺激素（HCG）、马来酸地欧酮（DOM）、脑垂体（PG）和促黄体释放激素类似物（LRH-A2）等。对雌鳅的用量：绒毛膜促性腺激素 100 IU/尾；马来酸地欧酮 1 ~ 2 毫克/尾；脑垂体 0.5 ~ 1 个/尾；促黄体释放激素类似物 5 ~ 10 微克/尾。雄鳅剂量减半。用生理盐水稀释上述药物，注射量为 0.3 毫升/尾。一般采用肌肉注射，注射部位为亲鳅背鳍的两侧，往头部方向呈 45° 角进行注射，进针深度 0.2 ~ 0.4 厘米。

图 99　给泥鳅注射催产剂

3. 效应时间

在水温 25℃ 时，从注射催产激素到发情的效应时间约 12 小时，温度越高，效应时间越短。受精方法可选择自然授精和人工授精。

4. 人工授精

达到效应时间后，出现雄鳅追逐雌鳅的现象，分别捞取亲鳅，用湿毛巾包裹头部，尾部露出，轻按雌鳅腹部将卵子挤到干净的瓷盘，同时挤压雄鳅腹后部将精液挤到卵子中，用羽毛轻轻混匀，然后加入 0.1% ~ 0.2% 的盐水，静置 3 ~ 5 分钟，最后均匀地撒到经消毒的鱼巢中，放入孵化池进行孵化。

图100　挤出鱼卵开展人工授精

5. 孵化

孵化池：可选择土池或水泥池。孵化池形状一般为长方形，面积约 10 平方米。孵化前 3 天，先将池水排干，用 20 毫克/升的高锰酸钾进行消毒 30 分钟。加水深至40 厘米，曝气充氧。

鱼巢：鱼巢一般选用水葫芦、轮叶黑藻、杨柳须根、棕榈皮等，也可用 80 ~ 100 目的网布制作的人工鱼巢。鱼巢在使用前用5% 食盐水浸泡 30 分钟，或用 20 毫克/升的高锰酸钾溶液浸泡 30 分钟，后用清洗干净，放入孵化池。

图101　受精后的泥鳅卵粘附在网片上

孵化：受精卵密度 100 万 ~ 200 万粒/米^3，孵化池用抽水机保存水流速度0.2 米/秒，溶解氧 > 6 毫克/升。水温25 ~ 28℃，28 ~ 36 小时可孵出鱼苗。出膜 3 天左右，待鱼苗颜色由黑转为淡黄色时，卵黄囊消失后进入苗种培育阶段。

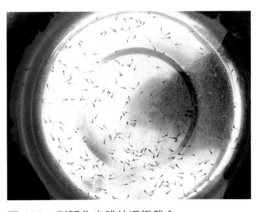

图102　刚孵化出膜的泥鳅稚鱼

6. 注意事项

泥鳅的苗种繁殖成活率除了和亲本的成熟度有关之外，还与孵化的水温、水质、溶氧等因素有密切关系。最适的孵化水温为 24 ～ 28℃，温度过低会延长孵化时间，会产生水霉；温度过高会影响孵化率和畸形率。孵化用水温度差不超过 2℃。孵化用水要提前 1 晚曝气，溶解氧＞ 6 毫克 / 升。孵化过程中也要保持充氧状态。每天更换两次水以上，有微流水效果更佳。

五、泥鳅苗种培育

泥鳅苗刚孵出来时，全长约 3.5 毫米，吻端具黏着器；孵出后 8 小时，苗长约 4 毫米，口裂出现，全身出现稀少的黑色素，体色由透明逐渐变黑；孵出后 55 小时，苗长约 6 毫米，尾鳍出现，胸鳍显著扩大，鳔出现，能做简单的游动，鳅苗开始从侧游转变为短距离平游，卵黄囊消失，口器形成，鳅苗开口摄食，肠管内充满食物，所以要开始喂食饵料，如不及时投喂，5 天内会出现死亡。

六、鳅苗培育

1. 鳅苗池

鳅苗池面积约 100 平方米，池深 60 ～ 80 厘米，可用土池或水泥池。土池的四周和池底均要夯实，四周和进排水口用 80 目的网布围好，以防渗漏及泥鳅逃逸。苗种培育前 7 天要预先培水，目的是培育生物饵料，培水方法与亲鳅一致。培育密度：1 000 尾 / 米^2。

图 103　培育 30 天左右的泥鳅鱼种

2. 鳅苗饲养

孵化出 3 天的鳅苗投喂蛋黄和鳗鱼料，鸡蛋先煮熟，取出蛋黄加上鳗鱼粉料，用 120 目筛绢过滤，用滤液进行投喂。每天投喂 4 次，时间分别为 8：00、12：00、16：00 和 20：00。投喂量为 10 万尾鳅苗投喂 1 个蛋黄和 10 克鳗鱼粉料，投喂量每隔一天适量增加，以 1 小时内吃完为宜。同时最好投喂培水的生物饵料，有条件的换取培育好生物饵料的水体，每天更换水体 2 次，换水量为池体水体的 1/5。

鳅苗经过约 1 个月的饲养，全长达 3 厘米左右的鳅种时，已初具钻泥习性，可进行成鳅养殖。

3. 注意以下几个方面的问题

鳅苗放养前 1 天，先试水，就是将池水装进小桶，放入鳅苗数尾，观察 1 晚，如鳅苗正常，说明水质良好，若鳅苗死亡，则说明水质不行，暂停放苗。同池同批：同一池中，要放同一批次孵出的鳅苗，以免因个体差异较大，影响采食，导致规格不统一及培育成活率低。注意温差：放养时要保持运输水体和培育池水体温差不要超过 2℃。

七、稻田泥鳅养殖

鳅苗放养：一般在插秧后 10 天左右放养泥鳅苗种。放养规格为 3 厘米鳅苗，放养量约 3 万尾 / 亩，放养规格 5 厘米的鳅苗，放养量约 2 万尾 / 亩。

图 104 投放泥鳅苗

1. 饵料投喂

稻田富含天然饵料资源，如浮游生物、水生昆虫、水草嫩芽等，可以为泥鳅提供一定的生物饵料，但是还不能满足泥鳅的生长需求。泥鳅贪食性强，在养殖过程中还需投喂饵料。泥鳅为杂食性鱼类，饲料种类有动物性饵料：轮虫、鱼粉、水蚯蚓、丰年虫、动物肝脏等；植物性饵料：谷物、米糠、花生麸粉、麸皮、大豆粉、蔬菜等。泥鳅苗种投放后的前 1 个月，用水蚯蚓、小鱼虾肉与人工配合饲料粉料混合投喂；在鳅

图 105　投喂饲料

苗投后的第 2 个月起，投喂粗蛋白含量 38% 以上的人工配合饲料。选择在稻田的鱼沟内进行定点投喂，在投喂前通过击掌或者敲击饵料桶发声，让泥鳅产生条件反射，通过不断驯化，能够使泥鳅集中到鱼沟中摄食，方便管理和以后的捕捉。每天 8：00—9：00 和 17：00—18：00 分别投喂一次。每次投喂的量为鳅苗体重的 1% ～ 5%，以 1 个小时吃完为宜。泥鳅正常的摄食水温为 20 ～ 30℃，在水温 24 ～ 28℃时摄食旺盛，水温低于 16℃或高于 30℃时，食欲降低。在养殖过程中，根据泥鳅摄食情况、天气、水温等情况调整投喂量。

2. 田间管理

稻鳅养殖，既要种好水稻，又要养好泥锹。因此，在田间管理技术中，要同时兼顾这两者的管理，才能获得双丰收。稻田施肥时，以施基肥为主，施农家肥为辅，尽量不使用化肥。在稻鳅养殖过程中，使用灭虫灯进行诱捕，不使用农药。

3. 日常管理

平时检查田埂是否完善，鱼沟、鱼坑保持畅通。注意天气变化，关注稻田水位，清除进排水口的杂物，如有暴雨来临，提前排水，及时做好防洪排涝工作。

4. 病害防治

稻田泥鳅养殖要遵循以生态防控为主，药物使用为辅的指导思想。泥鳅可以为稻田疏松田泥，改良土壤，捕食虫害，泥鳅的粪便也有利于稻谷生长。稻田的禾叶能够遮阴、降低水温、改良水质，营造泥鳅适宜的养殖环境，泥鳅病害发生较少。若发现有外伤的泥鳅，每个月用聚维酮碘进行体表消毒，定期泼洒生石灰。泥鳅常见的寄生虫病，如车轮虫和舌杯虫采用 0.7 毫克 / 升硫酸铜或与硫酸亚铁合剂全池泼洒；泥鳅的赤皮、腐鳍、烂尾病等用 0.8 ~ 1.0 毫克 / 升漂白粉全池泼洒。

5. 收获

通常在水稻即将成熟或稻谷收割后捕捞泥鳅。一般可采用地笼进行诱捕，也可将稻田放干水后，让泥鳅顺着鱼沟集中到鱼坑后进行捕捞。

图 106 在鱼沟中安装地笼网诱捕泥鳅

第四节　稻田田螺模式

"稻+螺"养殖模式的主要养殖品种，以圆田螺属的中华圆田螺和中国圆田螺（二者形态相似，通称田螺），及环棱螺属的梨形环棱螺等（俗称石螺）最为常见。田螺是稻田的土著生物，栖息于饵料丰富、土质柔软的稻田中；石螺则一般附着于流水中的石块上，也可在稻田中进行养殖。田螺和石螺肉味鲜美，风味独特，营养丰富，是上等保健食品，也是发展"柳州螺蛳粉"产业的重要品种。以下的养殖模式介绍中，以田螺为重点，石螺的养殖要求与田螺基本相似，可以作为参考。

一、田螺的生活习性

田螺喜欢栖息在泥土腐殖质较多的水域环境中，要求水质清新，含氧充足，特别喜欢群集于有微流水，水位30厘米左右的地方。因此，在田螺的稻田养殖中，微流水条件是保证田螺成活率和品质最重要的前提条件。

田螺属杂食性，可以摄食稻田中的浮萍、浮游植物、秸秆腐烂形成的有机碎屑等天然饵料，也可摄食人工投饲的青菜、米糠、废弃的鱼类和其他动物内脏，配合饲料等。田螺的摄食方式是用齿舌舔食饲料，所以饵料投喂前应先用水浸软，青菜、鱼、肉类等则应剁碎后再投喂。

图107　稻田里养殖的田螺

田螺在广西可以自然越冬，冬天当水温低于15℃时，开始潜入底泥中冬眠，最深可潜入10～15厘米深。田螺生活最佳水温为20～28℃，超过30℃钻入泥土中避暑。当水温达40℃以上时会被烫死或闷死。因此夏季高温期应注意遮阴和加大换水量。

田螺雌雄异体。区别田螺雌、雄的方法是依据其右触角形态。雌田螺的触角都是直的，而雄田螺的右触角向右内弯曲（弯曲部分即雄性生殖器），在生产中，可根据雌螺个体大而圆，雄螺小而长的特征进行区分。田螺雌、雄寿命不同，雄螺只能活2～3年，雌螺4～5年，最多6年。

田螺是一种卵胎生动物，分批产卵，

每年 4—5 月水温超过 16℃ 时，开始自然交配产卵，胚胎发育和仔螺发育均在母体内完成，翌年 3—4 月将仔螺产出，在产出仔螺的同时，雌、雄亲螺交配受精，同时又在母体内孕育次年要生产的仔螺。在环境适宜和营养充足的情况下，一只雌螺全年最多可产出 100 ~ 150 只仔螺，仔螺 14 ~ 16 个月即可长成能繁殖的种螺。需要注意的是，田螺繁殖期受水温影响较大，因此各地繁殖期有所不同，生产中需注意观察。

二、田螺养殖技术

1.稻田选择

发展田螺稻田养殖产业，宜选择水质清新、无铁、无污染，水源丰富，交通相对便利的山区。稻田选择冷浸田、冷水田等中低产田为宜，要求稻田保水性能好，进排水方便，如当地稻田中有天然田螺分布最佳。平原地带则可将田螺作为混养品种。

2.稻田改造

将田埂加高加固到 50 厘米以上，使稻田的可蓄水深度达到 30 厘米，不建议进行水泥砂浆硬化，用泥土加高夯实即可。进、排水的原则为高灌低排，梯田可利用高差形成串联的微流水系统，节约改造成本，在进、排水口设置防逃栅（网）。有条件的可每 5 亩配套建设 6 立方米左右发酵池 1 个，通过将牛粪、秸秆混合发酵，为田螺提供低成本的发酵饲料。

图 108　适合开展田螺养殖的稻田环境

图 109　精心挑选田螺种

田中开挖集螺坑，集螺坑蓄水深 60 ～ 80 厘米。一般为长方形或正方形，根据田的大小设一个或多个，坑的总面积占整个稻田面积的 1/10 左右，坑一般靠近田埂边。可供田螺避热避寒，也方便放水集螺。山区田块较小，无法开挖集螺坑的，可将田沟适当加宽加深，替代螺坑的作用，并在沟里种植浮萍或水花生遮阴。

3. 投放前处理

稻田用生石灰消毒。干田（带水 10 ～ 15 厘米）按每亩用生石灰 50 ～ 75 千克化水全池泼洒。消毒 3 ～ 4 天后在水体堆放有机肥料和繁殖饵料生物供田螺摄食。肥料用鸡粪或猪粪和切碎的稻草按 3∶1 比例混合成基肥，按每亩 300 千克数量在田中堆肥。注意鸡粪和猪粪如来自大型养殖场，可能存在重金属超标问题，应充分发酵并进行检测，或用牛羊粪代替。基肥必须完全腐烂、堆熟，否则会产生有害气体，从而影响田螺的养殖。基肥均匀施撒，并将稻田翻耕做成畦面宽 1.5 ～ 3 米、沟宽 0.5 米、沟深 0.3 米的垄畦，畦面种植水稻，田沟供田螺栖息和作为水稻管理的工作行。已施肥和消毒的稻田，秧苗返青后即可直接放螺，放养前应先放少量田螺试水。

4. 田螺投放

每亩投放 30 ～ 50 粒/千克的种螺 30 ～ 50 千克，投放前剔除死螺、破壳螺和纤毛虫附着严重的田螺，螺种可自己从稻田、水渠、鱼池等处采集，也可以从市场或苗场采购。采购应遵循就近原则，从外省购买的田螺经长途加冰运输，成活率往往较低，产卵量也受到影响。

田螺的规模化繁育技术尚未突破，难以获得大批量的幼螺，有条件的可投放规格 5 克左右的幼螺，亩放种 25 000 ～ 30 000 只，按重量算为 125 ～ 150 千克。

图 110 投放田螺后的稻田

5. 日常管理

（1）投饲管理

田螺目前尚无专门的配合饲料，人工投喂的饵料主要有米糠、麦麸、菜饼、豆渣、菜叶、浮萍以及动物下脚料。饵料应新鲜，投饵时，应先将固体饵料泡软，把鱼杂、动物内脏、下脚料等剁碎，再用米糠或麸拌匀后投喂。

生长适宜温度内（即 20 ~ 28℃），每两天投喂一次，每次投饲量为体重的 2% ~ 3%。15 ~ 20℃、28 ~ 30℃时，每周投喂两次，每次投放量为体重的 1% 左右。当温度低于 15℃或高于 30℃，则少投或不投。饵料投喂点固定且分布均匀，投饵数量根据吃食情况而定，减少饵料浪费。也防止饵料腐败影响田螺成活率。

发现田中有较多仔螺时，投喂的饵料颗粒必须细小，同时在饵料中拌加鳗鱼料等配料，制成优质饵料，保证仔螺营养，提高成活率。优质饵料隔日或每 3 天投饵 1 次，每次投饵量为田螺总重量的 0.5% ~ 3%。

图 111 检查田螺生长情况

图 112 称重检查田螺生长情况

（2）防逃

田螺可从进、出水口和满水的田埂逃逸，因此要经常检查拦栅（网）是否破损，暴雨天要注意疏通排水口，防止田水过满甚至田埂倒塌。

（3）敌害预防

微流水条件下，田螺病害很少，常见有缺钙软厣、螺壳生长不良和蚂蟥。缺钙症的表现是螺口的厣片内缩，经常向田中泼洒生石灰水可以预防。发现蚂蟥时可用浸过猪血的草把诱捕。田中不宜放养青鱼、鲤鱼、罗非鱼等能捕食田螺的鱼类，也要特别防止鸭进入田中。

福寿螺的杀灭是田螺养殖中的难点问题，两者区分较易，福寿螺螺旋层只有 4～5 层，而田螺 6～7 层，福寿螺的螺旋高度也低于田螺。福寿螺产粉红色卵，田螺则直接产出螺仔。目前还没有在不影响田螺的前提下有效杀灭福寿螺的药物，去除福寿螺只能通过手工捡除成螺，及时破坏附着在田埂和稻秆上的卵块等方法，尽量减少福寿螺的数量。此外，在开始田螺养殖前，在大区域范围内同时杀灭福寿螺，也是减少福寿螺数量的有效办法。

图 113　稻田四周加设围网

（4）越冬管理

入冬前要培育田螺体质健壮，入冬后将水加深到 30 厘米以上保温，还可在田中投放一些稻草，让田螺在草下越冬。当水温下降到 8 ～ 9℃时，田螺开始冬眠，此时仍需保持水深 10 ～ 15 厘米。至少每 3 ～ 4 天换一次水，以保持适当的溶氧量。

图114 进入冬季收割完水稻后加高水位给田螺在稻田中越冬养殖

图115 在水稻生长期间收获田螺

6. 收获与运输

田螺捕捞方式为捕大留小、分批上市，捡取成螺，留养幼螺和注意选留部分母螺，自然补种。在夏、秋高温季节，选择清晨、夜间于岸边或水体中竹枝、草把上拣拾；冬、春季在晴天中午拣拾。也可采用下池摸捉或排水干池拣拾等办法。养螺稻田面积较大时，可用炒熟米糠、麦麸、血粉混以黏土做成团块，投入水中，田螺闻到香味就会集群摄食，此时用网抄捕。运输可用普通竹篓、木桶、编织袋，运输时注意保持田螺湿润，防止曝晒。

田螺因生长环境不同，螺壳厚薄程度不同，薄壳田螺出肉率高，厚壳田螺则相对便于运输，山区高海拔地带田螺螺壳往往较薄，运输过程中损耗较大，可在当地建设初级加工厂，进行田螺脱壳和螺肉加工后进行运输，不宜盲目引进外地螺种。

三、水稻栽培技术

1. 品种选择

选择熟期适宜、抗病、抗倒伏、抗逆性好的优质米品种。可种植中稻、晚稻或再生稻。种植期根据品种生长期和当地气温、海拔确定。

2. 田地准备与栽插

首次养螺应先将田地翻耕，再开挖养螺沟坑，然后插秧放螺。已养螺的稻田，耙耕前尽量先把螺引诱到集螺坑中，坑与田间以泥埂分隔，防止耙耕时泥水进入坑中，插秧后田水返青，再清除坑与田间的泥埂，让田螺重新向田中活动。

大田均匀施放腐熟有机肥 500 ～ 800 千克 / 亩，过磷酸钙 30 ～ 40 千克 / 亩，复合肥（N/P/K 含量各为 15%）10 千克 / 亩，作为基肥，然后进行旋耕平整，注水 5 厘米后插秧。水稻在拔秧前提前打药，减轻大田防病压力。

插秧选择晴天，插秧密度为 20 穴 / 米^2，根据土壤肥力可以增减插秧密度。插秧深度一般 2 厘米左右。有条件的田块也可采用直播模式。

图 116　稻田养殖田螺生产中水稻栽种参考模式

3. 田间管理

（1）施肥

水稻施肥应坚持有机肥为主无机肥为辅，基肥为主追肥为辅的原则，一定要少量多次。对已养螺的稻田不宜大量施用基肥，主要采取追肥方式给水稻施肥。

（2）水稻病虫害防治

利用太阳能灭虫灯诱杀害虫，减少农药使用量，尽量做到无害化防治。必要时，选择低毒、高效、无残留农药防治穗颈瘟、稻曲病、枝梗瘟等细菌性稻病，把病虫害控制在初发阶段。水剂农药在晴天露水已干后喷洒在水稻叶面上，喷药时喷雾器喷头朝上。粉剂农药则在晴天露水未干时喷在水稻叶面上。打农药前可适当增加稻田水深，减少入水农药的浓度。

（3）水田管理

移栽后保持20天浅水层2～3厘米管理，采用干湿交替管理，间歇灌溉以水护苗、促蘖，以干促根，提高水稻抗倒伏能力之后，稻田水位可保持水层10～15厘米管理。孕穗期适当日灌、夜排，调节田间温度，减轻高温热害，提高稻田通风透气性。抽穗期、扬花期保持20～30厘米深水层，黄熟期适当降低水位。

4. 水稻收割

大田稻谷结实粒95%以上黄熟便可收获，收获后及时脱粒、晒干、入库。水稻留茬20厘米，注水20厘米，培养饵料生物。

图 117　收割完水稻后的情形

图 118　收割完水稻后注水入田继续养殖田螺

第八章
三江稻渔生态系统综合效益
与发展措施

第一节　经济效益

　　三江稻渔生态系统的直接经济效益来自于生态系统中种植的水稻、瓜果、蔬菜和养殖鱼类、田螺等的销售收入。经济效益的高低取决于生态系统中各种产品收获产量的高低、产品的品质、市场价格以及品牌的创建与宣传和投入成本的控制水平。根据2016—2017年对"一季稻＋再生稻＋鱼"示范点的测产结果及对面上农户的统计，"一季稻＋再生稻＋鱼"模式平均亩产值达4 806元。其中，一季稻亩平均产量545千克，平均价格2.8元／千克，产值1 526元；再生稻亩平均产量300千克，平均价格3.6元／千克，产值1 080元；稻田鱼亩平均产量55千克，平均价格40元／千克，产值2 200元。扣除成本445元（其中稻种45元，鱼苗130元，农药60元，农家肥110元，鱼饲料100元），亩平均纯利润达4 361元。

　　从实际生产中看，当前推广的稻田综合种养模式与传统的稻田养鱼模式（稻田无鱼坑，田间工程为平板式，单季稻养鱼）相比，亩增产再生稻300千克，亩平均增产鲜鱼29.94千克，亩平均综合产值增加2 277.6元，亩平均综合产值提高90.08%；亩平均纯利润增加2 032.6元，亩平均纯利润提高87.3%。

图119　捕捉稻田中养殖的罗非鱼

第二节 社会效益

三江稻渔生态系统的社会效益是综合性的，大致包括如下几方面：

一、实现了粮鱼双增、产业扶贫

每年开展稻田养鱼7万多亩，覆盖了全县15个乡镇70%以上的贫困户。"一季稻＋再生稻＋鱼"模式平均亩产值达4 806元，亩平均纯利润达4 361元。贫困人口在稻田养鱼方面年实现人均增收达1 000元。

图120 全家总动员捕捉稻田鱼

二、助推旅游业发展

把稻渔综合种养产业与旅游产业有机联动起来，结合"稻鱼节""侗族多耶节"及"五一""国庆"等众多节日，让游客参与钓鱼、下田捉鱼、田边烤鱼、品鱼等活动，体验侗乡稻渔综合种养农耕文化的乐趣，既丰富了旅游内涵，又增加稻渔综合种养产业的附加值。

三、减少劳动力投入

再生稻的生产过程不需要再次经过播种、育秧、犁田、耙田、插秧等环节，省去了很多工时，大大减少了劳动力投入。同时，配套放养鱼类以后，还省去了耘田除草的人工。

图 121　烤田鱼是三江侗、苗人家必做的休闲活动

图 122　再生稻抽穗期

四、促进新农村社会的和谐发展

以村屯整体推进，农户共同参与，家家有稻田鱼，制定村规民约，成立民间护渔组织，杜绝了毒鱼、电鱼、盗鱼等违法现象，促进农村社会治安稳定；实行"统一建设、统一稻种、统一购苗、统一管理、统一销售"的"五统一"管理运营模式，大家有共同利益，农户之间交流增多，促进了邻里之间、农户之间的团结协作、和睦相处；通过实施稻田养鱼，农田设施、村屯道路等设施都得到了改造，环境得到了改善，村容村貌进一步美化，助推了精准脱贫。

图123　干净整洁的侗寨新村

第三节　生态效益

三江稻渔生态系统的生态效益是系统健康运转的灵魂，也就是说，生态效益是三江稻渔生态系统的根本追求。良好的稻渔生态系统所带来的生态效益包括如下几方面：

一、减少了农药的使用，给食品质量安全提供保证

稻田鱼可捕食蚊子幼虫、螺类及底栖昆虫，能够有效地控制稻田虫害，减少农药使用量，稻谷和鱼产品质量安全也得到了更好保障。据抽查，农药使用减少了60%。

图 124 太阳能灯光诱杀灭虫

二、减少化肥使用量，有效防止土地板结

稻渔综合生态种养模式主要使用农家肥和农家饲料，鱼类粪便肥田，以及采用稻田秆还田方式提高稻田肥力，减少化肥使用量，有效防止了土壤板结，还可充分利用农副产品资源，促进稻鱼生态系统的良性循环。据抽查，化肥使用减少了 50%。

三、促进了生态环境的优化，增强了抵御自然灾害能力

稻田的标准化改造和农田水利设施的建设，提高了稻田蓄水保水能力，为稻田鱼提供了更多的生长空间，同时也提高了农田抵御洪水旱灾的能力。

图 125 利用农业残余进行微生物发酵堆肥

图 126　优美的三江稻田生态环境

图 127　丰收的季节

四、提高了粮鱼的品质

"一季稻＋再生稻＋鱼"模式延长了稻鱼的生长期，由于再生稻产生的稻穗、稻花能作为稻田鱼的饲料，鱼的品质随着生长期的增加而提高，农户在水稻生产上也能享受种一次收两次的实惠，产生了"稻因鱼而优，鱼因稻而贵"的效果。

图 128　侗家姑娘在再生稻田边庆贺稻鱼双收

总之，"一季稻＋再生稻＋鱼""广西三江模式"的稻渔生态系统，具有"四多、四增、四减、四解决"的实际效果。

"四多"：一田多用、一水多用、一季多收、惠及多人。

"四增"：增种（种植再生稻相当于增加了稻田种植面积）、增产（增加了稻谷产量和鱼产量）、增量（加高硬化田基，田间开挖鱼坑鱼沟，增大了养鱼水量和鱼苗放养量）、增收（粮鱼双增，增加了综合效益和农民收益）。

第四节 三江稻渔产业发展的措施

一、加强领导，激发产业发展活力

2014年以来，三江县委、县人民政府把发展稻渔综合种养作为重要的民生工程和扶贫产业来抓，把该产业发展列入"十三五"经济发展规划。成立了稻渔综合种养项目领导小组，设立项目办公室，加强对该项工作的领导。出台《三江县加快现代特色农业产业发展决定》，明确提出把稻渔综合种养等特色产业做大、做强、做优。同时，广泛宣传，加强责任落实，做到认识到位、责任到位、人员到位、资金到位、技术到位的"五到位"，全县上下掀起了稻渔综合种养的新热潮。

二、政策扶持，增强产业发展后劲

为加强稻渔综合种养产业发展，三江县出台了一系列扶持"两茶一竹（木）、种稻养鱼"产业发展的政策措施。其中：2014—2015年，稻渔综合种养的田基硬化改造，每亩一次性给予1 000元的水泥、砂石补助；每亩给予300尾的鱼苗补助，鱼苗补助连续两年；再生稻每亩补助150元。2016年下半年开始，田基硬化改造补助调整为每米补助20元，贫困户22元。2018年，开挖稻田鱼坑的，每个鱼坑要求10平方米以上，硬化的，每个鱼坑补助1 000元，不硬化的补助800元，所有鱼坑一次性补助鱼苗200尾，再生稻每亩补助200元。2014—2018年，全县已累计投入稻渔综合种养专项补助资金2亿元。通过政策、资金扶持，群众的积极性得到了提高，增强了稻渔综合种养产业的发展后劲。

图129 2017年时任县委书记的袁东升同志向自治区人民政府张秀隆副主席介绍三江稻田鲤鱼特点

三、创新模式，挖掘产业发展潜力

2014 年以来，三江县积极探索和打造稻渔综合种养的新模式，不断促进种稻养鱼增质增量。开展地毯式的水利勘测，摸清底数，新建重修，并整合农业、畜牧、水利、发改、扶贫等部门的资金，加强农田水利基础设施建设，扩大保水田面积，延长保水期。

一是在稻田工程模式上，主推"坑沟式"。对田基进行硬化加固加高，在田间开挖鱼坑、鱼沟。改善了稻田基础设施，有效防止田基崩塌，起到保水保肥、抗旱减灾的作用。开挖鱼坑鱼沟后，增大了养鱼水体，利于提高鱼产量，同时，解决了水稻需要浅灌而养鱼需要水深的矛盾。此外，坑沟使水稻产生边行优势，透光性增强，稻田水温升高，有利于水稻的分蘖，从而促进水稻稳产增产。

图 130　坑沟式稻田工程

二是在种养品种上，实行多品种立体开发。水稻品种主推再生季强、品质好的野香优 3 号和中浙优 1 号。养殖方面，主要放养已获得国家地理标志产品证书的"三江稻田鲤鱼"，一部分田还试验性地混养罗非鱼、长丰鲫、泥鳅、田螺等，使稻田形成"水上有稻、水中有鱼，水底有螺、泥中有鳅"的立体开发模式，构成了功能更加完善、独具特色的"三江稻渔生态系统"，收到"一水两用、一田多收"的效果，并通过科技普及、示范带动、点面结合的形式来推广。

图 131 稻田养殖田螺

四、推进产业联动，实现产业增值增效

三江县除了农业资源丰富之外，民族风情浓郁，旅游优势明显，是全国旅游标准化示范县和广西特色旅游名县。三江县充分发挥生态资源优势，积极推进农旅深度融合，把稻渔综合种养产业与旅游产业有机联动起来，结合"稻鱼节""侗族多耶节"及"五一""国庆"等众多节日，让游客参与钓鱼、下田捉鱼、田边烤鱼、品鱼等活动，体验侗乡稻渔综合种养农耕文化的乐趣，既丰富了旅游内涵，又增加稻渔综合种养产业的附加值，促进产业增值增效，农民增收。打破了产业边界，突破农业发展"天花板"的上限，实现稻渔综合种养产业链的延伸和价值链的升级。

图 132　2016 年三江高山稻鱼文化节主舞台

图 133　国庆黄金周期间举办的稻田抓鱼比赛

五、加强管理，保护产业发展成果

为加强三江稻鱼品牌树立，合理种养，科学管理。一是采取生态健康的种养模式，采取统一播种，统一移栽，统一配方施肥，统一病虫害综合防治，少用或不用化肥、农药和除草剂，产品无农药残留，提高水稻和水产品的食用安全和品质质量，实现"稻因鱼而优，鱼因稻而贵"。二是积极引导各村屯成立民间护渔组织、老人协会，制定村规民约，加强渔政治安管理，杜绝毒鱼、电鱼、炸鱼、盗鱼等现象发生，保护稻渔综合种养成果，保护农民的种稻养鱼积极性。经检测，三江稻田鲤鱼属于"富硒"产品。三江稻田鱼因绿色健康、肉质鲜美而广受消费者欢迎。

图 134　2017 年三江和里稻渔综合种养示范基地稻米获绿色生态奖

故事与民俗文化篇

图 135　2016 年三江县良口乡仁塘村戏楼落成庆典

第九章
三江稻渔生态系统蕴含的故事

三江侗族腹地那层层叠叠的梯田，是侗族人世世代代留下的杰作。侗族是"稻饭鱼羹"的民族。侗族的稻田都是依山而开，随山势地形的变化而变化，因地制宜，山坡海拔的高低，坡度的平缓及山坡的大小决定了梯田大小和形态。侗族以耕作田地为生，种植水稻为主。稻田养鱼是侗族的一大特色。鱼在侗族人们的生存中有着很高贵的重要地位，同时以"酸鱼"为重。在建筑方面，建造鼓楼、风雨桥、戏台、寨门、房屋等民族传统各类建筑，开工时和竖楼房都必须有三条腌鱼为祭祀供品。鱼在侗民族地区的鼓楼、风雨桥、寨门、戏台上的绘画都有鱼的图腾，在侗锦、刺绣、石刻、木雕、侗画等都有鱼的图案。石刻上、建筑物上有"三只鱼共一个头"的图案，意为侗族人民团结齐心的表现。因此，侗族是崇拜鱼的民族。

三江侗族人在稻田养鱼生活中，养育繁衍了后代，而侗族民间也演绎流传着许多动听的稻鱼故事。

图136 三江县独洞镇华练培风桥

图 137　描绘在华练培风桥廊上"三只鱼共一个头"的图案

第一节　三江"太平河鲤村"的由来

　　三江县良口乡和里村最初叫"太平河鲤"。根据和里村吴氏宗谱记载，其祖籍在河南省开封，唐朝末年由江西吉安泰和县迁徙至湖南靖州通道县。历经四朝至明，共有三十六代。由于战乱原因，族人在吴仁岑的带领下南迁广西三江良口乡和里村。和里自然环境优美，有一片开阔地，也称之为"高山的小平原"，有茂密的原始大森林，参天的古树，地势平坦，水源丰富。于是吴氏兄弟就在这里安营扎寨，开荒种田。吴氏兄弟勤劳，开田造地，得到了足够粮食，生活一天比一天好。有一天，吴氏创始人吴仁岑，来到小河边看田水，看见小溪上有几条金黄色的大鲤鱼在那里交配，老人惊呆了，心想：萍水相逢是佳兆！于是老人蹲在那里守候几个时辰，几条大母鲤鱼就在小溪里的水草生下了无数的鱼蛋，密密麻麻，一串一串的，老人高兴极了，马上回家，用竹编将鱼蛋放到田里。又在田里看守了几天，小鱼仔一个一个从鱼蛋中分离出来，自由自在在田里游来游去，小小鱼仔好像到了天堂一样的开心，老人时时到稻田里观察动静，小鱼一天一天地长大，老人也从心底开心。秋收到了，满山的金黄色稻谷呈现在眼前，老人像闲人一样站着或蹲在田埂上，口里吧嗒着烟卷，悠闲地看着一年辛勤耕耘的果实。从春回大地起，他们耕地、播种、移栽、施肥除草，不知付出多少心血，流过多少汗水。他们用汗水浇灌的禾苗，在秋天里，梗黄叶黄地都黄了。秋收了，他们收获了一年的汗水，收获了一年的辛勤，他们收获了秋收的喜悦，更收获了秋收的一筐筐鲤鱼。从此，他们就这样心安理得地在"河鲤"立寨安家。年复一年，冬来秋去，老人热爱这个美

图 138　三江县良口乡和里村现代风貌

丽的地方，村寨还没有名字，老人冥思苦想，那就叫"太平河鲤"。在这里我发现了这么好的鲤鱼，鲤鱼也为我们繁殖了大量的鲤鱼仔，为我们送来了美食。感谢山神的保佑，于是，他与众人商量，选择一个黄道吉日，庆祝一番寨名。他们邀请了"五百和里"亲戚朋友，穿着靓丽侗族服装，吹起动听的芦笙，青年男女载歌载舞，一起来到"太平河鲤寨""月也"三天三夜。

第二节 "冻鱼"的由来

富禄苗族乡高岩村石姓最初居住于福建省的九保地区，后来迁徙到江西龙门县、广西梧州、湖南潭西县，最后到达贵州黎平府潭溪地区。后在迁徙到富禄高岩村的过程中，有一户石姓人家走到一深山密林处，衣衫褴褛，饥寒交迫，到处乞讨维生。一位老人出去讨饭，百里附近侗族村民心地善良，有人给他们送来饭，有人送来鱼，手上拿着一大堆好吃的东西。走了一天的山路，等老人到家时，夜幕降临，天色晚矣，孩子们饥肠辘辘地睡着了。为了不吵醒小孩，老人吃了部分别人送来的饭菜和鱼，留下部分食物等孩子醒后食用。第二天（正是农历十月十二），鱼成了冻块。由于没火没炊具热鱼给孩子吃，吃冷的又怕伤孩子的身体，老人就先品尝，发现没有任何臭味，而且味道越发鲜美，口感特别好。从此，富禄高岩村石姓侗家人每年农历十月十二日就专门制作"冻鱼"食用，过上了"冻鱼"节。随着历史的变迁，"冻鱼"节规模越来越大，知名度亦越来越高，深受游客和专家学者的青睐，如今已经成为富禄高岩村当地民族文化旅游的一张精美名片。所谓"冻鱼"，就是人们在节日前一天把一年辛勤养肥的稻田鲤鱼捉回家，用自制的米酸汤将鱼煮熟，同时放入花椒、生姜、红辣椒、香菜、葱花、大蒜等十多种香料，第二天鱼汤自然凝结成为果冻状，后即请来远亲近友一起品尝食用，共同祝愿子孙后代人丁兴旺，富贵荣华，期盼来年风调雨顺、五谷丰登。"冻鱼节"不但吃鱼，还有大型芦笙比赛，演唱侗族大歌，男女青年通过"坐夜"还用牛腿琴对唱情歌，找到自己的心上人。

第三节 小鲤鱼故事

在一块美丽的稻田里，生活着许多可爱的鱼虾泥鳅，它们一天到晚在禾苗丛中游来游去。

有一条贪玩掉队的小鲤鱼找不到妈妈了，正在焦急时，它看见了两条美丽的金鱼，阳光照射到稻田里，两条金鱼闪闪发光，漂亮极了！小鲤鱼赶紧游过去问："金鱼，您看到我妈妈了吗？"金鱼嘲笑着说："看你黑不溜秋的样，我没看见你妈妈。"小鲤鱼吓得哭着赶紧逃走。小鲤鱼一边哭着一边继续寻找妈妈，正游着她听到一声问话："小朋友，你哭什么？"抬头一看原来是一只正在晒太阳的外貌丑陋的癞蛤蟆，小鲤鱼胆怯地说："我找不到妈妈了。"癞蛤蟆温柔地说："不要哭，我看到你妈妈领着你的兄弟姐妹刚刚过去，你快追吧！"小鲤鱼高兴极了赶紧追上去。

小鲤鱼看见了妈妈，嚷嚷着："妈妈！我可找到你们了！"鲤鱼妈妈说："孩子，你跑哪去了？你怎么找到我们的？"小鲤鱼把自己的经历告诉了大家，她疑惑地问妈妈：

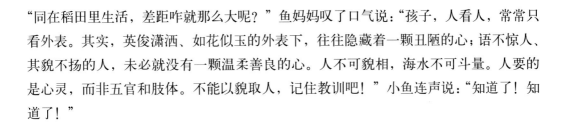

"同在稻田里生活，差距咋就那么大呢？"鱼妈妈叹了口气说："孩子，人看人，常常只看外表。其实，英俊潇洒、如花似玉的外表下，往往隐藏着一颗丑陋的心；语不惊人、其貌不扬的人，未必就没有一颗温柔善良的心。人不可貌相，海水不可斗量。人要的是心灵，而非五官和肢体。不能以貌取人，记住教训吧！"小鱼连声说："知道了！知道了！"

第四节　"吊颈鱼"的由来

在富禄苗族乡的高岩村、富禄村的岑广、岑胖在农历十月十二都有"冻鱼节"，也就是一个侗族的鱼节。为什么同一姓氏、同一宗族，"冻鱼节"时间却不同，有的早上吃，有的晚上吃，而有的却不吃（即不过此节）。据说石姓祖先初到此地时，有的生活贫穷，有的生活富裕，不好意思与他姓同过节日。有一年的农历十月十二这一天，秋收结束了，人们带着喜悦庆祝一番丰收，大伙喜气洋洋，放田水捉鱼。于是寨老们商议，确定每年十月十二日为"冻鱼节"。时下有个石姓人家，家有弟兄三人。十月十二

图139　田里要留有大鱼给远方的亲人回来团聚时再捕捉分享

日，人们载歌载舞欢度丰收节，老大和父母一起在家吃鱼过节；老二是个聋子，听不到父母讲过节的具体时间，继续上山劳动，没有吃上鱼；老三出去放牛，也没有赶回来和家人过节。父母心痛自己的两个孩子，早早就用稻草吊绑着一条大大的鲤鱼，留一份给老二、留一份给老三，当晚老二、老三回来的时候，吃上了父母留着的大鱼，非常高兴，并且，在父母面前连声说："感谢父母的大恩大德！"。此后，石姓人家老

大的后代过"冻鱼节"就早上吃，老二、老三的后代过"冻鱼节"就晚上吃，这样就有了早、晚过节的习俗。后来人们称之为"吊颈鱼"。所以，侗族的村寨父子之间，母子之间，兄弟姐妹之间的相互尊重，相互关爱的传统一直流传下来。侗族人无论谁因生产、工作在外，家里有好吃的总要留着一份给自己的亲人，这种传统美德在三江侗族村寨广泛流传。

第五节　红鲤鱼勇斗黄孽龙

很早以前，寻江河畔的侗族乡民，男耕女织，过着安居乐业的美满生活。一年，不知从哪儿飞来一条大黄孽龙，作恶多端。它不是呼风唤雨破坏庄稼，就是吞云吐雾残害生灵，把整个寻江河畔搞得乌烟瘴气，不得安宁。每年五月十三日它生日这天，更是强迫人们献上一对童男童女和十头大黄牛、一百头猪、羊等供它享用。如若不然，它就发怒作恶，张开血盆大口，蹿上村寨吞噬人畜，破坏稻田，害得寻江村民怨声载道，叫苦连天。

在寻江河畔的林溪寨上，有一位聪明俊美的侗族小姑娘，名叫婧更，她下决心非除掉这条恶龙不可。有几次，她登上三省坡去找仙子求救，都未找着。她仍不灰心，继续去找。这天清晨，她登上三省坡，仙子被婧更心诚志坚的精神感动了，就出现在她眼前，向她指点说："离这儿千里之外有个鲤鱼洞，你可前去会见一位鲤鱼仙子，她定能相助于你。"

婧更辞别三省坡仙子，跋山涉水，历尽千辛万苦，来到鲤鱼洞中，找到鲤鱼仙子，说明来意。鲤鱼仙子对婧更说："你想为民除害，这是件大好事，可是必须牺牲你自己啊！你能这样做吗？"婧更毫不犹豫地说："只要能为乡亲们除害，消灭那恶龙，哪怕是上刀山，下火海，粉身碎骨我也心甘！"鲤鱼仙子见婧更这样诚恳坚决，十分满意地点了点头，朝婧更喷了三口白泉，她顿时变成了一条美丽刚劲的红鲤鱼。

小红鲤逆江而上，经过七七四十九天，游回家乡。这天正是5月13日清晨，她摇身变还原貌，见乡亲们早已准备了一对童男童女，十头大黄牛，一百头肥羊肥猪。人们吹芦笙，载歌载舞宛如一条长龙向祭黄孽龙的江口走来，前面那一对身着红衣红裙的童男童女，早已哭成了泪人。

黄孽龙见百姓送到的盛餐佳肴，早已垂涎三尺，得意地张开大口。就在这千钧一发之时，婧更抢先上前，拦住父老乡亲们说道："大家在此等着，让我前去收拾这个害人精。"话刚说完，只见婧更纵身跳入水中，霎时变成一条大红鲤鱼，腾空飞跃，直朝黄孽龙口中冲去，一下窜进它的肚中，东刺西戳，把黄孽龙的五脏六腑搅得稀烂，恶龙拼命挣扎，上下翻滚，最终被婧更杀死了。可是，婧更自己也葬身在黄孽龙腹中。

从此，寻江侗族村民又过上了安居乐业的日子。人们为了缅怀婳更为民除害，在溶江、寻江、苗江三江汇河口修起了一座亭。至今每年五月十三日，在三江汇河口老堡乡举行盛大的龙舟比赛，侗族人民还穿着民族的盛装，载歌载舞纪念侗族人民的女英雄——婳更。如今，在侗族村寨，村民特别喜欢红鲤鱼，抓到红鲤鱼一般不食用，都有放回田里继续繁衍生息的习俗。

第六节　鲤鱼报恩送钱财，人贪无厌白送命

这是一个关于报恩的故事。在很久以前，溶江上游河畔有个村寨叫牛里，寨上有个村民叫腊汗伦，三十几郎当岁了，还是光棍一条，别人都是起早贪黑地辛勤劳动下河捕鱼，他却三天打鱼两天晒网，吃饱饭都成问题，哪会有姑娘愿意嫁给他呢？

有一天，别的村民下河捕鱼都收网回家了，腊汗伦才慢悠悠地划着船出了门，来到江边扯着渔网胡乱一撒，就坐在那抽烟。等了一会儿，腊汗伦准备收网，感觉网里有东西在挣扎，腊汗伦高兴极了："随手一撒都能网到鱼，这真是不错。"等腊汗伦好不容易把网拖上船，看到网里的鱼，眼直冒金光，竟然捕到了一条金黄色鲤鱼，一身犹如黄金镀层，在网里挣扎，这么大一条鱼，能吃多少顿呀！腊汗伦心里早已窃喜不已，拿出一把尖刀准备杀了这金鲤鱼。这金鲤鱼一看腊汗伦掏出刀来了，瞬间慌了，连忙开口求饶："大人！饶命啊！我知道在溶江河下游波里村附近有个深潭，潭边有个出米洞！愿拿它来换我的性命。"腊汗伦正打算把鱼弄死，一听这消息，大吃一惊，这金鲤鱼一定成精了！腊汗伦有点怕，但是又一想，都开口求饶了，证明它也怕我，不然为啥求饶，还要供出米洞来。

金鲤鱼带他来到了出米洞，腊汗伦装了一袋一袋的大米！心想出去卖能换回很多很多钱。腊汗伦这辈子都没见过这么多钱，立刻呆住了，金鲤鱼一看他呆住了，连忙叫他："大人！可以放我了吧！"腊汗伦缓过神来，眼睛骨碌碌一转，一条诡计上心来，问金鲤鱼："你家住哪里呀？你我可以交个朋友吗？"金鲤鱼劫后余生哪知道腊汗伦的阴谋诡计，就把住地告诉腊汗伦了。腊汗伦有了米，换回了钱，就把金鲤鱼放了，回到家里过上了奢侈的生活。他天天纸醉金迷，留恋青楼，不好好劳动，也不置办田产，不到一年就花光了所有的钱。于是，他又去找金鲤鱼，金鲤鱼本来还很高兴，说："大人这是来看望我吗？"腊汗伦也懒得和它寒暄，直奔主题，要求再弄点米换回钱。金鲤鱼非常为难，说那出米洞几年才出米一次。腊汗伦软磨硬泡，连哄带骗，又拿之前的事情威胁金鲤鱼，金鲤鱼想了好久又带他来到出米洞，装了满满的一船大米，换回了许多银子。这下腊汗伦又有了钱，嘴咧得合不上，又开始了纸醉金迷的生活。

此后，腊汗伦没钱就去找金鲤鱼要。金鲤鱼真的再也不想带腊汗伦到出米洞了，

腊汗伦就又拿渔网把金鲤鱼捞上来，拿刀威胁它，恶狠狠地说："你不给我带路，我就只好吃了你！"金鲤鱼吓得魂飞魄散，连忙答应再带腊汗伦到出米洞，到了出米洞，金鲤鱼说："今天有你装不尽的大米。你装吧！"腊汗伦早已被金钱迷了心窍，装了满满一条大船的米，水都压到了船边。这时候天昏地暗，刮起了狂风，江面上出现巨大漩涡，一下把他连人带船给掀翻。腊汗伦挣扎许久，好不容易露头换气，金鲤鱼就撞他，他就又沉了下去，一次又一次，终于再也上不来了。金鲤鱼看着死去的腊汗伦，感叹道："人真是贪得无厌啊！"于是，金鲤鱼从白云山上捡来一块金刚石堵住了出米洞。从此，出米洞再也不出大米了。

第十章
三江稻渔生态系统蕴含的歌赋

第一节 诗歌类

风雨桥畔稻鱼香

风雨桥畔稻花香，侗乡处处养鱼忙。

生态耕作品质正，和谐共生聚一塘。

春放秋捕田中鲤，收获季节装满筐。

邀亲唤友来庆贺，笙歌耶舞到天光。

收获季节

侗乡金秋稻浪翻，田中鱼跃泛波澜。

风雨桥畔添景色，农家欢聚把渔谈。

放水开沟整捞具，筐满桶装凯旋还。

耶舞笙歌同庆贺，明年产量更升攀。

稻田鱼

秧苗植时放鱼花，鲤草螺蛳多样杂。

稻花当料促生态，禾下水中利鱼鸭。

收获季节成肥大，烧烤生片特味佳。

客到侗乡首选品，发自内心不停夸。

鱼 生

片片酸甜味，侗族菜肴佳。

配料近十样，凉伴可口呷。

老少皆欢喜，四季均能达。

接待贵宾用，食君个个夸。

酸汤鱼

稻鱼若干配酸汤，佐料不多显蒜姜。

春夏秋冬可烹制，自食待客已为常。

山中农户特色菜，城里宾朋也爱尝。

三江民众兴时味，消化提神利健康。

请到我家来做客

（一）

请到我家来做客，今年鱼丰盼君和。

烧烤煎炸酸汤味，外加生片可如何。

（二）

今秋算作丰收季，明年咱还放养多。

政策技术传到位，农户满意乐呵呵。

（三）

三江自古稻鱼鸭，同生共处和谐家。

环境优雅宜多样，地理标志助推发。

第二节　侗歌类

一、鱼的来源与用途

侗歌：独乃稿江独稿海，爽鸟稿哑猫雷万。龙管旺盛咧坝旋地，蟹爱岩逢坝爱水。

人骂阳干独坝斗萨骂欺高，到了傲买嫁人年纪正好家巴有坝礼相赖，坝蔑坝涛登正好，高多足聋蒙邓道。

梦人派老有蔑独坝骂斗高，敬闷敬地敬神阴阳些好该论刚怒都正合。梦派莽阴爽心走，梦鸟莽阳捞捞估代太平时都好雷赖！

歌词大意：生在江河生在海，放在田间长大快。龙管一方，鱼聚一地，螃蟹爱居石头缝，鱼儿爱水在一方。

人一出生需有鱼儿来祭祀，长大成人结婚嫁人还需送礼敬最亲，鲤鱼草鱼为首选，送给女方最合情。

人老去世要有鱼儿来祭祀，敬天地敬神灵阴阳两边相安得好是正当。老人已老放心走，愿年轻人在世平安健康人丁旺！

图 140　在收获季节里欢唱侗歌

二、稻田鱼

侗歌：他了月三道论咖，咖锡转身坝爽哑，哑道水赖勾呀转更坝嘛伟，勾爱坝旋坝占疑，该约怒占孩有宽，勾呀党曼坝聚塘。

八月半咧勾曼便，勾锡曼便坝堆哑，到时收成曼派堆，减哑傲坝宝校浓赖妹花办条箩。年乃勾赖坝呀雷，闷地照顾时乃晒道坝雷总！

歌词大意：过了三月是插秧，禾苗转青正是放鱼苗，田间水好禾苗壮，鱼儿吃虫乐陶陶，由它生长不用理，稻穗渐熟鱼长膘。

八月半来稻谷熟，田间鱼儿肥又粗，时常赶往田中看，捕鱼时节拿起捞具阿哥阿妹干劲足。今年粮丰鱼也多，风调雨顺我们农家得幸福！

图 141　开心收获稻田鱼

三、风雨桥畔是我家

侗歌：胜嗲常安务湖光，板江桥花正三江，成基道胖江优长，便哑这乃桑坝赖，三江人勤腮约蔑，哑成哑便些爽坝。

腊坝鸟晒，坝老鸟海，桥花便乃桑坝相赖相雷总。家家桑坝生活好，勾高雷总奔盼情地骂灯条。

歌词大意：南边融安北湖湘，风雨桥畔是我家。山高水长环境美，田里放鱼又放鸭。侗家注重原生态，鱼爱水来鸭爱花。

小鱼生在晒江寨，大鱼长在深海峡。桥畔田中鱼好养，金秋时节捕回家。家家养鱼生活好，粮多鱼多盼望阿妹与我成一家。

GAEML EIS LIC SEMS
侗 不 离 酸

侗文：	woi,	qingv	angs	janl	sems,	naemx	ugueec	suds	(ma,
借汉：	喔，	听	昂	占	胜，	内	挨	受	（嘛
译汉：	喔，	听	说	吃	酸，	口	水	流	（嘛

Hi	ya	hoi	hi	ya	hoi,	dens	ngeec	sems
衣	呀	嗬	衣	呀	嗬），	等	决	胜
衣	呀	嗬	衣	呀	嗬），	牙	根	酸

Liuds	yuh	bens	xang	jan	bail	lionh	song,	(ma
榴	又	本	想	占	拜	领	送，	（嘛
得	还是	舍	不	得	离开	酸	坛，	（嘛

Yangc	yi	hoi	hiiv	ya	hiiv	ya	hoi
洋	衣	嗬	嘿	呀	嘿	呀	嗬）
洋	衣	嗬	嘿	呀	嘿	呀	嗬）

il	yanc	yeeil	songi	xeeus	bal	baos	dengc	xaih	liaiv	maoh
一	艳	开	颂	笑	巴	套，	当	颂	里	毛
一	家	开	坛	炒	酸	鱼，	全	寨	都	是

(wei) xeds qingk nyongc (ma, noi noi toi noi toi
（喂）显　听　牛　（嘛，呐　呐　堆　呐　堆
（喂）显　听　牛　（嘛，呐　呐　堆　呐　堆

Wei noitoi ee hee nyec ding lie taenlluih longcma
喂　呐堆　哎　嘿　人　顶　咧，吞雷　龙　嘛
喂　呐堆　哎　嘿　人　顶　咧，味道　浓　嘛

Nyenc dingh liee, taenlluih longc ma nyenc dingh liee
人　顶　咧，吞雷　龙　嘛　人　顶　咧
人　顶　咧，味道　浓　嘛　人　顶　咧

Hee ee hee ee ee hee
嘿　哎　嘿　哎　哎　嘿
嘿　哎　嘿　哎　哎　嘿

Ya hoi ya heng, nyenc ding liee). doh wedl sems (ma
呀　嗬　呀　吭，人　顶　咧）。豆　为　胜　（嘛
呀　嗬　呀　吭，人　顶　咧）。豆　角　酸　（嘛

Lieeu lieeu mal wedlsems (ma lieeu lieeulianh wedlsems (ma
辽　辽），马　韦胜　（嘛　辽　辽）连　韦胜　（嘛
辽　辽），青　菜酸　（嘛　辽　辽）辣　椒酸　（嘛

Lieeulieeu) gueel wedl dagc wedl gaos xinglgaos jiuh
辽　辽）　归　稳　佰　稳　告　信告　纠
辽　辽）　酸　瓜　酸　萝卜　酸　姜酸　兆头

Sems, (lieeu yi ya liee) nenglmeec dalmiix
胜，（辽　衣　呀　咧）能灭　巴密
酸，（辽　衣　呀　咧）还有　鲤鱼

dal taos sams tingl、sams nyoc, nanx bedl nanx nganh
巴　套、三　趟、三　牛，难　本　难　安
草　鱼、酸　糟、虾公　糟，鸭　肉　鹅　肉

nanx keuk sems, (lieeu yi ya liee), sonvyah sonv eis
难　苦　胜，（辽　衣　呀　咧），算压　算　哎
猪　肉　算，（辽　衣　呀　咧），算也　算　不

Lis liee, lebc buh lebceis lieeux (liee, ya hoi ya heng
雷   咧， 娄 不 娄哎 了 （ 咧， 呀 嗬 呀 吭
完   咧， 数 也 数不   清 （ 咧， 呀 嗬 呀 吭

Nyenc diing liee), daiv egt eis lic sems liee,
人   顶   咧）， 待   客 哎 雷   胜   咧，
人   顶   咧）， 待   客 不 离   酸   咧，

Nyenc singc jis nyaoh longc liee, sunx liix eis lic
人   伤   记   牛   龙   咧， 酸   礼   哎   雷
人   情   记   心   头   咧， 送   礼   不   离

Sems liee, qenx yis qaenl yuh nongx liee,
胜   咧， 情   意   衬   优   浓   咧，
酸   咧， 情   意   重   又   浓   咧，

aol maix weex heev eis lic sems liee, xaih xaih xeds xangl
凹   埋   为   嗨   哎   雷   胜   咧， 西   西   谢   相
讨   媳妇 做   客   不   离   酸   咧， 村村   寨寨   都   一

Dongc liee, jungh xih nyenc gaeml eiv janl sems ma
同   咧， 钟   西   人   更   哎   占   胜   （嘛
样   咧， 同   是   侗   乡   爱   吃   酸   （嘛

Hi ya hoi il deny kiees sems janl eis nyong ma
嘿 呀 嗬），一 等   国   胜   占   哎   牛   （嘛，
嘿 呀 嗬），一 餐   没   酸   吃   不   下   （嘛，

Yangc yi hoi, hiv ya hiv ya hoi), nuv nyac eis senv
洋   衣 嗬， 嘿   呀 嘿   呀 嗬）， 努   孖   哎   省
洋   衣 嗬， 嘿   呀 嘿   呀 嗬）， 若   不   相   信

Xih mal jais, beul nyac hoc sais daiv kuees xeeh janl
西   骂   在， 包   孖   活   晒   带   国   写   占
似   来   尝， 保   证   合   味   不   舍   得   吃

taenl luih longc (ma noi noi toi noi toi wei
吞　雷　龙　(嘛　呐　呐　堆　呐　堆　为，
吞　下　肚　(嘛　呐　呐　堆　呐　堆　为，

Noitoi ee hee nyenc diingh liee, taenlluih long ma
呐堆　呃　嘿　人　顶　咧，　吞雷　龙　嘛
呐堆　呃　嘿　人　顶　咧，　味道　香　嘛

nyenc diing liee, Taenlluih longc ma, nyenc diing liee hee
人　顶　咧，　吞雷　龙　嘛，　人　顶　咧　嘿，
人　顶　咧，　味道　香　嘛，　人　顶　咧　嘿，

Ee hee ee ee ee ee hee ya hoi ya heang
呃　嘿，　呃　呃　呃　呃　嘿，　呀　嗬　呀　吭
呃　嘿，　呃　呃　呃　呃　嘿，　呀　嗬　呀　吭

Nyenc diing liee
人　顶　咧）。
人　顶　咧）。

图142　三江程阳风雨桥

第三节　侗画

图 143　高山稻鱼　　作者：吴凡宇

图 144　人美稻香　　作者：吴凡宇

图 145　鱼香情浓　　作者：吴凡宇

图 146　播种　　作者：张军宜

图 147　丰收季节　　作者：杨功存

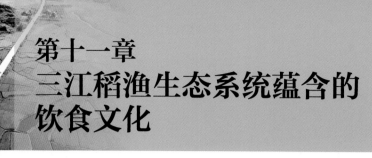

第十一章
三江稻渔生态系统蕴含的
饮食文化

　　三江侗族是我国南方的一个古老的少数民族，他们为百越后裔，百越人在向西南内地（今广西贵州一带）迁徙定居时，也带来了古越人从事稻作农业和渔猎的技能。汉代司马迁在《史记·货殖列传》中写道："楚越之地，地广人稀，饭稻羹鱼，或火耕而水耨"，这里的"饭稻羹鱼"就是对古越人生活方式的一种具体概括。千百年来，勤劳勇敢的三江侗族人民在这块古老而神奇的土地上"饭稻羹鱼"，繁衍生息，创造出丰富多彩、极具特色的侗族稻鱼文化。

　　三江地域主要为山地，山岭重叠，连绵起伏。三江侗族祖先在山地里开垦造田，层层梯田，春种，夏长，秋收，冬藏，演绎着侗家人亘古不变的传统生态农业耕作方式。在三江境内居住的侗族人都普遍种植糯稻。特别是溶江一带的糯稻特别柔软，有糯米之乡的美称。三江侗族居民以糯米为主食，亲朋好友来访，常以糯米相赠，婚嫁丧事的礼品多以糯米所做，包括节庆粽子、糍粑、糖果都以糯为主。在"百家宴"祭祖敬神的时候也少不了糯米饭。侗族人认为"无糯不成敬意"。

　　极富智慧的侗族先人将鱼苗放入这层层叠叠的梯田之中，《三江县志》中记载"侗族人喜欢在稻田里养鱼，春放秋捕，禾鱼两利"。三江有纯净的山泉水质，有良好的土质气候和原生态的养殖方法，这些造就了百里侗乡年代久远的"稻鱼共生"传统农业文明，延续一千年，依然焕发勃勃生机。侗族有一句谚语"侗不离鱼"。侗族稻田里养鱼，接待宾客"百家宴"要有鱼，婚丧嫁娶的祭祀活动要用鱼，侗族甚至把鱼的图形雕刻在鼓楼风雨桥上，当做图腾崇拜，可见鱼在侗族人民生产生活中具有特殊的地位。鱼是三江侗族人民生活中不可缺少的一种重要食品。用鱼来腌酸叫酸鱼，酸鱼酸香可口，侗族人最喜欢吃。制作酸鱼有酸坛和木桶两种，酸坛用来制作酸水，主要是把泡糯米的水倒进坛中，放在火塘边加热，用这种酸汤煮鱼，口感好味道鲜。木桶用来腌制酸鱼，腌制二三十年的酸鱼，呈现出深红色，其味道特别鲜美。侗族人制作酸鱼是从宋代开始，沿袭至今，已经成为他们的一项绝活。在三江侗乡，酸鱼成为了侗族人民接待亲朋好友及贵宾的最好食品；酸鱼也是侗族人祭祀活动的主要祭品，凡建有"萨坛"的侗寨，侗族人每到新年初一，要用一条完整的酸鱼和其他祭品，来到"萨坛"祭祀萨岁。

　　侗族人不但喜欢吃酸鱼，更喜欢吃"鱼生"。"鱼生"主要是用草鱼来制作，把草鱼骨架去掉，鱼肉切成薄片，放在竹筛里晾晒，除去生鱼片上水分；把酸菜、紫苏、鱼腥草、蓼草切碎后搅拌均匀，加入生茶油，酥软香脆，美味无比的侗族"鱼生"便制作完成。"鱼生"是侗族人一道凉菜，一般在重大的节庆、"百家宴"、婚丧大事才能做的一道美味菜肴。

秋收时节，侗族人家家户户禾廊都挂上了金灿灿的禾把，寨上的木楼飘出米酒的醇香，吃烧鱼的季节到来了。清晨的雾气笼罩在梯田里，只听见水田在哗啦啦流淌着。一块田水放得差不多了，那些"禾花鱼"在田里乱钻乱跳，一会儿，就抓到一筐满满的"禾花鱼"。吃烧鱼时，老人携着自己的儿孙，年轻男女像过节一样，穿着靓丽的侗族服装，来到田野。烧鱼的火旺起来了，年轻的"腊汉"（小伙子），砍来两米长的竹子，破成两面，夹着肥肥的禾花鱼，大伙围着火堆，一起慢慢烤起来。这时年轻"婧更"（漂亮的女子），也忙着进山采来一把一把的野菜，做好烧鱼的配料。等到那一条条鱼烤熟了，呈现出金黄色，远远就闻到一股一股烧鱼味。三五成群的人围拢聚集起来，大家坐在田埂边，草地上。主人便左手端起了酒杯，右手点着那酒杯里的酒说："祖宗先吃，我们后吃，保佑儿孙，买田一百亩，买地一百山。"众人齐声："是的！是的！"大家端起酒杯一饮而尽。这便是吃烧鱼的开始。接着相互敬酒，唱着那侗族的《敬酒歌》，不知道是哪位"婧更"（漂亮女子）远处传来一首：

> 莫说青山高又高罗耶，
>
> 我们堆起的禾把比山高；
>
> 莫说河水浪滔滔罗耶，
>
> 我们榨出的油茶流下江河起波涛；
>
> 莫说天上有佳肴罗耶，
>
> 我们侗家的烧鱼清甜鲜嫩比它味道好。

这歌声，比甜酒还甜，比烧鱼还香，比琵琶声更动人心弦。

第一节 三江侗族稻鱼烹饪技术

一、侗族酸鱼

稻田鱼从脊背破开，去掉内脏，不要洗鱼，直接放盐，腌制4天左右，鱼腌好后晾晒一天，但不要晾晒太干。待鱼腌制好，把糯米蒸好，放凉。辣椒粉、甜酒糟、花椒、生姜倒入糯米，搅拌均匀。把每条腌制好的鱼都涂抹上，涂抹均匀后依次放到木桶里，依次一层一层放入桶中，盖上树叶，再盖上已经编制好的竹片，用石头压好，几个月后就可以食用。也有喜欢吃烤酸鱼的，从木桶取出酸鱼，用炭火烤，味道特别香，左邻右舍都会闻到一股香味。

图 148　酸鱼桶

图 149　酸鱼覆盖的芭蕉叶

图 150　腌制酸鱼的侗族特色原料

图 151　腌制成的酸鱼

二、酸水鱼

侗家人特有酸水汤煮滚，将剖好的稻鱼放入锅内煮 2 分钟，加上番茄、姜丝、酸辣椒，再加火 10 分钟便可以装入汤碗。其鱼味道鲜美，汤味可口，是侗家人特有的风味。侗族人又叫"太阳鱼"。

三、烧鱼

主要原料：稻田鱼，小芥菜或者野菜、鱼腥草、紫苏、生姜、辣椒、香蒜、盐、鸡精。制作过程：用一根小竹子一节破成两面，将鱼用竹子压住来烤，两面都变金黄色为好。准备好各种配料切碎用手抓拌均匀，这样就可以将鱼蘸着配料吃，味道鲜美，是地道的山野味。

图 152 竹片夹田鱼在火炭上烧烤

图 153 烧烤好的田鱼

四、鱼肠粥

侗家人在秋收季节时候，收获到大量的鱼，除了用鱼来制作酸鱼外，余下的内脏可以煮一锅鱼肠粥。将鱼肠洗净倒入煮好的白粥，加生姜、盐、鸡精。便可以食用，其味道鲜美。上桌前，每人一碗，慢慢品一下侗家特有鱼肠粥吧。

五、生鱼片

材料：鲤鱼或者草鱼，去掉骨架，把生鱼块切成薄薄的一片，然后放在斗笠或者竹筛上晒一会，去除生鱼片上的水分，减少鱼腥味和杀菌。

配菜：侗家酸菜切碎，姜丝、紫苏、蓼草、辣椒、鱼腥草都切碎，切好的这几样配菜，都放在碗里，用手搅拌让它们均匀混合，然后加入大概 50 毫升茶油。

生鱼片的吃法：晒干的生鱼片放到一个装有茶油的碗里浸泡，一方面是去腥味，一方面是再除菌。浸泡好的生鱼片跟刚才做好的配菜混在一起，或者可以分开来蘸着吃，可以因人而异。夹一块生鱼片同时夹着配菜，送入嘴里，酥软香脆，美味无比。

六、泉水鱼

将稻鱼剖腹洗净，把三片姜入锅内将泉水煮开，再将鱼倒入锅内煮 5 分钟，加盐、味精，起锅入汤碗。其汤味新鲜，其鱼甜嫩。

七、香爆鱼

稻鱼 750 克，剖腹洗净，盐、酒腌制 15 分钟，倒入油锅慢火爆至金黄色即可。入盘后撒姜丝、葱花，即可食用，口感香脆，回味无穷。

八、清蒸鱼

清蒸鱼是用稻田鱼制作的一道侗家的家常菜。主要原材料有鱼、生姜、香蒜等，口味咸鲜，鱼肉软嫩，鲜香味美，汤清味醇，具有养血和开胃的功效，是侗族舌尖上的美食。

九、酸笋焖鱼

材料：鱼一条，酸笋、姜、葱、糖、酱油、水、料酒、辣椒。

做法：将鱼擦干水后入锅煎熟；准备好酸笋、姜、葱；锅里放油，放入姜、葱爆香，再放入酸笋略焯，加糖、酱油、水、料酒，再将煎好的鱼放入汤汁里烧几分钟。待汤汁差不多煮干时即可，加点辣椒更开胃。

十、豆腐稻鱼

稻鱼 750 克，豆腐 1 千克，番茄、青椒、姜丝适量。鱼剖腹洗净，腌制 15 分钟，猛火放油入锅，将鱼放入锅中煎至两面金黄色后起锅，豆腐也煎至金黄色后起锅，再把青椒、番茄、姜丝切好放入锅内，放盐、味精、蚝油调好味，放入煎好的鱼和豆腐中焖到入味，收干汤汁，起锅装盘。这样焖的稻鱼，口感香甜，味道鲜美。

十一、红烧稻鱼

大稻鱼 2 条，洗净后过油，要炸到八成熟。葱、姜、蒜、料酒、酱油、白糖、白醋、盐等调汁，切记白糖少许。鱼炸好后，锅内留少许油，加入调好的汁，大火快速收汁，色香俱全。

十二、红焖稻田鲤鱼

主料：鲤鱼（750 克左右）、辣酱（100 克）、油（500 克）。

配料：醋、糖、料酒、葱、姜、花椒、干辣椒、盐、白酒。

制作方法：鲤鱼剖洗干净，斜切数刀，放入盘中。锅内放油 500 克，烧至六成热，鱼入油锅，炸成金黄色。倒出油，锅内放汤，汤要浸住鱼，再放入干辣椒、辣酱、花椒、白酒、糖、味精、蒜片、姜片、葱。大火烧开，再小火炖半小时，收汁后将鱼装盘，锅内的汤汁中加湿淀粉勾芡，然后浇在鱼身上即可。

十三、葱稻草鱼

原料：活稻田草鱼 1 尾，葱丝、葱段、盐、酱油、料酒、味精、胡椒粉、香油、姜丝、姜块各适量。

制作方法：草鱼宰杀后净膛，去磷，去鳃，洗净，两面剞一字刀，将鱼入锅加葱段、姜块及水煮约 15 分钟，至熟捞出，装鱼盘。鱼身上撒盐、味精、胡椒粉，加料酒，码葱丝、姜丝，倒酱油稍腌。锅放香油烧热，浇在鱼身上即可。葱油鱼的特点：形美味鲜，清淡素雅，咸香微辣。

十四、酸笋鱼头

材料：侗家酸笋半碗，鱼露 1 小匙，酱油 2 小匙，清水 1/4 碗，用鱼身做其他菜后，余下的鱼头、鱼尾等部分，制作一道酸笋鱼头。

制作方法：将酸笋浸泡在水中以去除过多的酸味及盐分，30 分钟后沥干备用；将泡好的酸笋、鱼、鱼露、酱油及水放入锅中，大火煮开后马上转小火慢煮 5 分钟入味即可。

十五、清蒸鲤鱼头

材料：鲤鱼头多个、姜、油、麻油、香草、豉油、葱。

制作方法：葱刨丝、姜切碎；大鱼头洗干净晾干水隔水大火清蒸 8 分钟；倒掉蒸鱼水，撒大量葱丝和姜丝铺面。

十六、酸椒鲤鱼头

主料：鲤鱼头多个，侗家人特制酸椒。

调料：盐、味精、糖、色拉油、红油、姜丝、葱丝。

制作方法：将鱼头洗净切成两半，鱼头背相连，泡红椒剁碎，葱切碎，姜块切末，蒜半个剁细末；将鱼头放在碗里，然后抹上油；在鱼头上撒上剁椒、姜末、盐、豆豉、料酒。锅中加水烧沸后，将鱼头连碗一同放入锅中蒸熟（约需10分钟）；将蒜茸和葱碎铺在鱼头上，再蒸1分钟；从锅中取出碗后，再将炒锅置火上放油烧至十成热，淋在鱼头上即成。此菜品具有营养丰富，开胃下饭的特点。

十七、酸椒烤鱼

主料：新鲜鲤鱼、酸辣椒、辣豆瓣酱、蒜末、姜末、红辣椒片、葱花、米酒、糖。

制作方法：鲜鲤鱼对半剖开洗净，用米酒与青葱段腌约10分钟去腥；将酸椒或辣椒片切碎，取容器将辣椒、辣豆瓣酱、蒜末、姜末、糖拌匀；取一烤盘，铺上料理纸，放上姜片与葱段，再放上鲜鱼后均匀倒入泡椒拌酱，洒少许葱花，将烘焙纸卷起，留一小口，倒少许米酒增添香气与水分，将料理纸卷起密合。包料理纸可以保护鱼的水分，还可以让成品不会过于软烂，烹调的速度也比蒸煮方式快了不少；烤箱预热180°烤约15分钟（依鱼大小调整烘烤时间），待鱼肉熟后取出洒上葱花、红椒片装饰即完成。

第二节　侗族烧鱼

侗家有句顺口溜："家有粮食千万担，不搞烧鱼不下饭。"足见烧鱼在侗家菜肴中的地位。侗家烧鱼，一般以稻田里放养的鲤鱼为主，池塘里放养的鱼也可以烧烤，但不及稻田里的味道鲜美。侗家烧鱼一般在两个季节：一是插秧季节，这个季节烧的主要是上年冬天在泡水田里放养的鱼。这时耙田插秧，将泡水过冬的田放水，将过冬放养的鱼抓来烧烤。过冬的鱼，由于运动量少，体态较肥，但其肥而不腻。二是秋收剪禾把季节，这个季节烧的主要是插秧时放养的当年鱼。剪禾把时，将田水放干，将田里伴随禾苗生长、捕吃禾花长大的鱼抓来烧烤，这种鱼是正宗的禾花鱼。这个季节阳光充足，鱼运动量大，体态光鲜、结实，鱼肉鲜美。

烧鱼时一般就在田边找一块平地进行。这一方面是与农忙季节的农事活动有关，在这些季节，为了节省在路上来回行走的时间，侗家总是包糯饭上山，中午就在田边简单吃饭，稍事休息即又下田劳作。另一方面，在田边烧鱼已形成一种氛围、一种农耕文化。现在侗家凡搞烧鱼活动，即使不在这两个季节，也喜欢去田边进行，才能体现出这种文化意境。

图 154 田中抓鱼备烤

　　烧鱼的做法：上山烧鱼前，要准备好食盐、味精、生辣椒、大蒜等，从田里抓到鱼后，先找一方平地烧起一堆篝火，做好烧鱼准备。烧鱼时不将鱼破开，不去内脏，直接用小木棍或竹签把刚从田里抓来的鲜活的鲤鱼从鱼嘴直穿至鱼肚，然后放在火边慢慢地烘烤，不断翻转，使鱼烧得金黄透熟。也有将插有竹木签的鱼平排倒插在平地上，然后围着鱼放火慢慢烧烤至熟透的。

图 155 众人围着炭火烤鱼其乐融融

图 156　烤好的鱼配上侗家特有的香料吃起来别有一番风味

在烧鱼的同时，派人到田边或山上找来野韭菜、羊憋菜、小萝卜菜、折耳根（鱼腥草）、"吗闹"等野菜，将这些野菜烧至半熟后剪细，与食盐、味精、大蒜等用田冲里的山泉水捞匀作为佐料，待鱼烧熟后，再将鱼投入佐料中捣碎捞均，一道地道清香的绿色美味佳肴即算完成。在吃烧鱼时，如果从田里抓得的鱼较少，大多就做成这样一种凉拌鱼酱类的菜肴供大家分享，如果抓得的鱼较多，还可以各人拿着烧熟的鱼蘸着做好的凉拌鱼酱吃，同样清香可口。

第三节　侗族腌鱼

腌鱼代表着侗族人民热情好客的品性，同时也是家境富裕的一种象征。在侗寨，如果谁家做腌鱼连鲤鱼都没有，就会被视为不勤劳而受到嘲笑。过去由于产量少，不到逢年过节、贵客登门或置办酒席，腌鱼是不易品尝得到的。如今，随着种稻养鱼产业的发展，稻、鱼产量都大为提高，侗族人民做腌鱼有了更丰富的资源。

食材：侗乡腌鱼以稻田鲤鱼为主要原料，经精制加工而成的传统食品，能长期储存食用。这种腌鱼风味独特，由咸、麻、辛、辣、酸、甜六味组成，吃起来骨酥肉软，味极鲜美香郁，食后开脾健胃、生津助消化。油煎、火烤，或直接取食均可。侗乡腌鱼的历史悠久，传说曾作过"贡品"。据传十年以上的腌鱼是治疗肠炎和止泻的特效药。

侗族腌鱼的制作方法是将鲜鱼剖腹取出内脏，用食盐水浸泡，之后用糯米饭、辣椒粉、米酒、生姜、花椒、土硝或火炉灰水等，与浸鱼后的盐水混搅，制成腌糟，再将腌糟置入桶底，之后是一层鱼一层腌糟堆码，顶上是一层厚厚的腌糟，最后压紧封严。这种腌鱼平时很少食用，在待客或祭祖的时候才取食。

腌制工具：

腌桶：选用硬木条板制桶，外用竹箍箍成上大下小的圆形木桶。桶的大小按需腌多少鱼而定。

压石：选用表面光滑、中心厚、边沿较薄的卵石作压石，压石重量等于腌鱼重的2/3，但若腌制5千克鱼以内，则所用压石与鱼两者重量相当。

压垫板片：即压石下的第一层垫压物，常用禾草、棕树叶、水芋叶、棕耙叶、竹笋壳等编成离桶口20厘米处大小的圆形或两个半圆形的垫片（有的也用木板）。

制作时间：

一般在农历八九月，白露以后天气凉爽，温度适宜，这时选出的田鲤（河里捕的也可以，但其他鱼腌后质量差）壮肥饱满，腌成咸鱼色泽光亮，质量好。

制作方法：

清洗腌桶：新桶要入河水里浸泡两天，绝对不漏水后，内用草木灰水浸2小时，再用清水洗净，然后用韭菜或萝卜擦拭，除去木气味，晾干备用。

选鱼：将鱼捕出，除去杂鱼，选出250克以上的青色鲤鱼（红鲤易酸），盛入箩内，放箩入河暂养一天，使鱼得以清水冲洗，排净粪便和鳃内的泥沙等。第二天取鱼破背，对破成腹部相连的两半，弃掉鳃和内脏，再用清水洗净血污，轻轻甩干水分，把鱼摊开平放入盆内1小时，沥干水分。

浸盐：把鱼放入另一盆内，用细盐均匀擦满鱼体（鱼盐比例10∶1.5），然后一层一层的平铺在盆内，最上面撒上一层盖面盐，在盆口罩上纱布，防蝇产卵入内而变质。盐渍16～52小时后，鱼体硬化即可装桶。

酿制甜酒：在鱼体盐渍过程中，同时酿制甜酒。用优质糯米，按常规方法酿制（若不腌酸甜味的，可不加甜酒）。

腌糟的制备：以糯米饭为主要原料，糯米饭蒸好、摊开、洒上少许土硝水（或草木灰浸出水）、红曲、花椒、山苍籽、甜酒糟、小茴香、大蒜、辣椒粉、碎姜、藿香粉、白酒和适量盐（约占总盐量的1/10），全部搅拌混合均匀成腌糟。

装桶：将腌糟先铺入腌桶2厘米，把盐渍过的生鱼捞起，摊放在桶内糟上，再放腌糟1.5厘米于鱼上，这样鱼糟交替铺放（也可把糟塞在鱼的腹腔内，再把两片鱼对合成原状，层层入桶）。放铺一层时要用手压平压紧，直至铺完，桶口留出20厘米，再把原渍鱼的盐水洒上，然后压上压板片，再压上河卵石块（先压上1/2重量，2天后全部压上）。

腌鱼桶要放在干燥的地方，以防桶底渍烂。几天后桶内渗出水分，静放不动，这卤水可起到隔绝空气和防护腌鱼风味的作用。

食用方法：

腌制3个月后，一般可以取食，或在甑子上蒸或在火上烧烤均可。主要是生食。但无论是生、煎、炒、煮，尝起来都浓香清爽，鲜嫩可口，其味妙不可言。每次取食时，从最上层开始逐层取出，取后仍按原样压好。

第四节　侗族腊鱼

侗家人也喜欢吃腊鱼，平时到侗家去，常见天花板或者禾架上挂有腊鱼，每有贵客光临，侗家人常蒸腊鱼款待。

食材：侗家腊鱼以鲤鱼、草鱼为主，以稻田鲤鱼最为理想，也有腊小鱼仔的。要求鱼体完整，无病，色泽正常。

配料：花椒、八角、五香粉、桂皮、生姜、荷叶等，制成粉末状，搅匀。

加工方法：将鱼清洗干净，然后从背面剖开宰杀，去内脏。宰割后的鱼体用清水清洗干净，去除污血及杂物，将清洗好后的鱼体放进竹筐沥干水备用。找一适当的陶瓷缸，先在缸底撒一层盐，再将鱼逐层置于缸中，装一层鱼撒一层盐及配料粉末，装完鱼后压紧盖好。腌至起卤后用石头加压，使鱼体全部浸在卤水中，腌5～6天。将腌好后的鱼逐条拿出，用绳子绑好挂于火塘上的禾架下，利用火塘的烟火将鱼熏干，也可置于阳光下晒干，但晒干的鱼一般比不上烟火熏干的鱼好吃。熏干或晒干后的鱼即可收藏备用。

图157　侗家腊鱼

第五节 侗族酸鱼

自古以来，侗族人民酷爱酸食，素有"侗不离酸"之说，不论是日常三餐，还是节日庆典、红白喜事、祭祀等都离不开酸味。侗族地区的酸鱼味美醇香、别有风味，堪称美味佳肴。酸鱼属荤酸食物，其腌制方法很多，各地有所不同，现以溶江河上游一带制作方法为例。

腌鱼要先把鱼处理干净，放在容器里用生盐"咬"放一天，取出挂在阴凉通风地方晾至 7 成干（有些也不晾干）待用。然后用蒸熟的温糯米饭或炒黄的糯米拌进泡过鱼的盐水里，拌以辣椒粉，腌鱼放少量生茶油、有的放酒曲（起到甜味，但容易使肉、鱼酸得过快），腌放时用这些糯饭辣椒包裹鱼，一层一层放进专用木桶里，再用笋壳或桐树叶盖住，稻草扎绳卷圈，石头压上，密封存放两个月以上可食用。没开过木桶的酸草鱼可放置几年甚至几十年。食用时或烧或煎均可，长时间密封存放的酸鱼可以直接食用。

图 158 腌制酸鱼的木桶外观

图 159 腌制酸鱼木桶上层用芭蕉叶或芒叶覆盖

附录一

三江稻田鲤鱼农产品地理标志
质量控制技术规范

本质量控制技术规范规定了登记产品的地域范围、独特自然生态环境、特定生产方式、产品品质特色及质量安全规定、标志使用规定等要求。本规范文本经中华人民共和国农业部公告后即为国家强制性技术规范，各相关方必须遵照执行。

1 地域范围

登记保护范围为：广西柳州市三江侗族自治县所有乡镇，包括：良口乡、洋溪乡、富禄乡、梅林乡、八江镇、林溪镇、独峒镇、同乐乡、老堡乡、古宜镇、程村乡、丹洲镇、斗江镇、和平乡、高基乡等15个乡（镇）。地理坐标为：北纬25°21′～26°03′，东经108°53′～109°47′。总面积5 400公顷，总产量3 500吨。

2 独特自然生态环境

三江侗族自治县隶属于广西壮族自治区柳州市，位于广西壮族自治区北部，是湘、桂、黔三省（区）交界地，属于亚热带南岭湿润气候区，山地谷地气候区。全年平均气温为17～19℃，雨热同季，寒暑分明，晨昏多雾，四季宜耕。夏季为降雨高峰季节，占全年42%～48%；春季为降雨次高峰期，占全年30%～35%；秋冬两季降雨较少。境内有74条大小河流纵横交错，水资源丰富。三江侗族自治县属红壤地带，垂直分布规律大体是海拔500 m以下的丘陵为红壤地带性土壤，500～800 m为黄红壤地带性土壤，850 m以上为黄壤地带性土壤。土壤总的特点是：土体肥厚，多为壤土；有机质含量高。这些独特的地理环境和气候资源，孕育出品质独特的三江稻田鲤鱼。

3 特定生产方式

3.1 场地要求

3.1.1 水源、水质
水源充沛、水质良好且符合国家《渔业水质标准》（GB 11607）的规定。

3.1.2 稻田建设

3.1.2.1 稻田基本条件：以土质肥沃，保水力强，pH 值呈中性至微碱性的壤土、黏土为好，尤其以高度熟化、高肥力、灌水后能起浆、干涸后不板结的稻田。

3.1.2.2 田基改造：在田基内侧用砂石水泥浆硬化，硬化厚度为：顶部宽 10 厘米，底部宽 12 厘米；硬化高度为：以田基硬底基脚为起点，至高出田土表面 40 厘米以上。田基面宽 40 厘米左右。

3.1.2.3 鱼坑建设：田块面积在 0.3 亩以上的，每块田在进水处开挖一个面积占稻田总面积的 3%～5% 的鱼坑。鱼坑深度 0.5～1 m。将鱼坑内的田土清除，堆放夯实于田基和坑基上。鱼坑坑基与田基一样用砂石水泥浆硬化。坑基高出田土表面 10～20 厘米即可。鱼坑出水口与鱼沟相通相接。面积在 0.3 亩以下的小块田，根据实际情况，可开挖一个 5 平方米左右的鱼坑，并用带叶树枝盖阴棚，供鱼栖息、避暑。

3.1.2.4 鱼沟建设：耙田后插秧前，根据田块大小、形状不同，在田间开挖"田"字型或"十"字型或"目"字型等不同形状的鱼沟，鱼沟深度、宽度 30～50 厘米。鱼沟和鱼坑面积控制在稻田总面积的 8% 以内。

3.1.2.5 拦鱼设施：在进、出水口设置拦鱼设备，防止鱼类外逃。拦鱼设施一般用竹篾、铁筛片或尼龙网片等材料制成。

3.2 清整稻田与施肥

插秧前半个月放足基肥。插秧前 5 天左右清理稻田四周杂草，检查稻田保水情况。

3.3 苗种选择与放养

选择三江本地鲤鱼种，规格 5 厘米以上，体色鲜艳，体形好，无伤无病，游动活泼，逆水性强。插秧后 10 天左右投放鱼种，每亩投放 200～300 尾。

3.4 养殖方式

养殖方式有三种：一是夏季稻田养鱼，5 月插秧后放养鱼种，10 月收获。二是再生稻养鱼，4 月插秧后投放鱼种，8 月收割稻谷时鱼留在田里继续养殖，10 月收割再生稻时一并收鱼。三是冬闲田养鱼，11 月投放鱼种，翌年 4 月收获。

3.5 稻田灌水及晒田

稻田可以按常规排灌，需要晒田时，排放田水将鱼集中到鱼沟鱼坑内，保持沟内水深 30 厘米，坑内水深 60～80 厘米。

3.6 稻田追肥

追肥时应避免高温天气，并尽可能地使鱼集中到鱼沟、鱼坑中。水稻需要用药时，必须使用对鱼危害小的低毒农药。施药前加深田水或将鱼集中于鱼沟和鱼坑中。水剂药物应在晴天稻叶无露水时喷洒；粉剂药物应在早晨稻叶露水未干时喷洒。

3.7 日常管理

经常检查田埂，防漏防垮；在夏季暴雨季节，排灌水口的拦鱼栅要经常清除杂物，保证排注水口畅通；经常清理鱼沟、鱼坑，使沟水保持通畅，保证稻田鱼正常生长。

养殖期间适当投喂米糠、玉米粉、麦麸等饲料。一般日投喂 1 ~ 2 次，上午 9：00 或下午 17：00 投喂，投喂量应在 1 小时内吃完为宜。

3.8 收获

稻谷收割前后适时收鱼。

4 产品品质特色及质量安全规定

4.1 外在品质特征

三江稻田鲤鱼口呈马蹄形，身体柔软光滑，呈纺锤形。背鳍基部较长，背鳍和臀鳍均有一根粗壮带锯齿的硬棘。体表呈青灰色，腹部呈浅白色，尾鳍下叶呈橙红色。肉质鲜嫩，骨刺细软，鱼汤清甜，无泥腥味。

4.2 内在品质特征

每 100 克鱼肉含蛋白质 14.9 ~ 18.2 克，氨基酸总量 13.8 ~ 17.4 克，粗脂肪 1.92 ~ 3.33 克，铁 1.27 ~ 2.01 克，钙 50.98 ~ 57.02 克；每千克鱼肉含锌 6.65 ~ 7.98 毫克。每千克鱼肉含硒 0.208 ~ 0.627 毫克，符合富硒农产品的要求。

4.3 安全要求

生产过程中严格执行《渔业水质标准》（GB 11607）、《无公害食品 淡水养殖用水水质》（NY 5051-2001）、《无公害食品稻田养鱼技术规范》（NY 5055-2001）要求。

5 标志使用规定

符合下列条件的单位和个人，可以向登记证书持有人申请使用农产品地理标志：
生产经营的农产品产自登记确定的地域范围；
已取得登记农产品相关的生产经营资质；
能够严格按照规定的质量技术规范组织开展生产经营活动；
具有地理标志农产品市场开发经营能力。

　　使用农产品地理标志，应当按照生产经营年度与登记证书持有人签订农产品地理标志使用协议，在协议中载明使用的数量、范围及相关的使用农产品地理标志，应当按照生产经营年度与登记证书持有人签订农产品地理标志使用协议，在协议中载明使用的数量、范围及相关的责任义务。

附录二

无公害食品　渔用药物使用准则

1　范围

本标准规定了渔用药物使用的基本原则、渔用药物的使用方法以及禁用渔药。

本标准适用于水产增养殖中的健康管理及病害控制过程中的渔药使用。

2　规范性引用文件

下列文件中的条款通过本标准的引用而成为本标准的条款。凡是注日期的引用文件，其随后所有的修改单（不包括勘误的内容）或修订版均不适用于本标准，然而，鼓励根据本标准达成协议的各方研究是否可使用这些文件的最新版本。凡是不注日期的引用文件，其最新版本适用于本标准。

NY 5070　无公害食品　水产品中渔药残留限量

NY 5072　无公害食品　渔用配合饲料安全限量

3　术语和定义

下列术语和定义适用于本标准。

3.1　渔用药物 fishery drugs　用以预防、控制和治疗水产动植物的病、虫、害，促进养殖品种健康生长，增强机体抗病能力以及改善养殖水体质量的一切物质，简称"渔药"。

3.2　生物源渔药 biogenic fishery medicines　直接利用生物活体或生物代谢过程中产生的具有生物活性的物质或从生物体提取的物质作为防治水产动物病害的渔药。

3.3　渔用生物制品 fishery biopreparate　应用天然或人工改造的微生物、寄生虫、生物毒素或生物组织及其代谢产物为原材料，采用生物学、分子生物学或生物化学等相关技术制成的、用于预防、诊断和治疗水产动物传染病和其他有关疾病的生物制剂。它的效价或安全性应采用生物学方法检定并有严格的可靠性。

3.4　休药期 withdrawal time　最后停止给药日至水产品作为食品上市出售的最短时间。

4　渔用药物使用基本原则

4.1　渔用药物的使用应以不危害人类健康和不破坏水域生态环境为基本原则。

4.2　水生动植物增养殖过程中对病虫害的防治，坚持"以防为主，防治结合"。

4.3　渔药的使用应严格遵循国家和有关部门的有关规定，严禁生产、销售和使用未经取得生产许可证、批准文号与没有生产执行标准的渔药。

4.4　积极鼓励研制、生产和使用"三效"（高效、速效、长效）、"三小"（毒性小、副作用小、用量小）的渔药，提倡使用水产专用渔药、生物源渔药和渔用生物制品。

4.5　病害发生时应对症用药，防止滥用渔药与盲目增大用药量或增加用药次数、延长用药时间。

4.6　食用鱼上市前，应有相应的休药期。休药期的长短，应确保上市水产品的药物残留限量符合 NY 5070 要求。

4.7　水产饲料中药物的添加应符合 NY 5072 要求，不得选用国家规定禁止使用的药物或添加剂，也不得在饲料中长期添加抗菌药物。

常用渔用药物及其使用方法

渔药名称	用途	用法与用量	休药期/d	注意事项
氧化钙（生石灰）calcii oxydum	用于改善池塘环境，清除敌害生物及预防部分细菌性鱼病	带水清塘：200～250毫克/升（虾类：350～400毫克/升）；全池泼洒：20～25毫克/升（虾类：15～30毫克/升）		不能与漂白粉、有机氯、重金属盐、有机络合物混用
漂白粉 bleaching powder	用于清塘、改善池塘环境及防治细菌性皮肤病、烂鳃病、出血病	带水清塘：20毫克/升全池泼洒：1.0～1.5毫克/升	≥5	1.勿用金属容器盛装。2.勿与酸、铵盐、生石灰混用
二氯异氰尿酸钠 sodium dichloroisocyanurate	用于清塘及防治细菌性皮肤溃疡病、烂鳃病、出血病	全池泼洒：0.3～0.6毫克/升	≥10	勿用金属容器盛装

续表

渔药名称	用途	用法与用量	休药期/d	注意事项
三氯异氰尿酸 trichlorosisocyanuric acid	用于清塘及防治细菌性皮肤溃疡病、烂鳃病、出血病	全池泼洒：0.2～0.5毫克/升	≥10	1. 勿用金属容器盛装。2. 针对不同的鱼类和水体的pH，使用量应适当增减
二氧化氯 chlorine dioxide	用于防治细菌性皮肤病、烂鳃病、出血病	浸浴：20～40毫克/升，5～10分钟；全池泼洒：0.1～0.2毫克/升，严重时0.3～0.6毫克/升	≥10	1. 勿用金属容器盛装。2. 勿与其他消毒剂混用
氯化钠（食盐） sodium choiride	用于防治细菌、真菌或寄生虫疾病	浸浴：1%～3%，5～20分钟		
硫酸铜（蓝矾、胆矾、石胆） copper sulfate	用于治疗纤毛虫、鞭毛虫等寄生性原虫病	浸浴：8毫克/升（海水鱼类：8～10毫克/升），15～30分钟 全池泼洒：0.5～0.7毫克/升（海水鱼类：0.7～1.0毫克/升）		1. 常与硫酸亚铁合用。2. 广东鲂慎用。3. 勿用金属容器盛装。4. 使用后注意池塘增氧。5. 不宜用于治疗小瓜虫病
硫酸亚铁（硫酸低铁、绿矾、青矾） ferrous sulphate	用于治疗纤毛虫、鞭毛虫等寄生性原虫病	全池泼洒：0.2毫克/升（与硫酸铜合用）		1. 治疗寄生性原虫病时需与硫酸铜合用。2. 乌鳢慎用
高锰酸钾（锰酸钾、灰锰氧、锰强灰） potassium permanganate	用于杀灭锚头鳋	浸浴：10～20毫克/升，15～30分钟 全池泼洒：4～7毫克/升		1. 水中有机物含量高时药效降低。2. 不宜在强烈阳光下使用
四烷基季铵盐络合碘（季铵盐含量为50%）	对病毒、细菌、纤毛虫、藻类有杀灭作用	全池泼洒：0.3毫克/升（虾类相同）		1. 勿与碱性物质同时使用。2. 勿与阴性离子表面活性剂混用。3. 使用后注意池塘增氧。4. 勿用金属容器盛装
大蒜 crow's treacle, garlic	用于防治细菌性肠炎	拌饵投喂：10～30克/千克体重，连用4～6天（海水鱼类相同）		
大蒜素粉（含大蒜素10%）	用于防治细菌性肠炎	0.2克/千克体重，连用4～6天（海水鱼类相同）		

渔药名称	用途	用法与用量	休药期/d	注意事项
大黄 medicinal rhubarb	用于防治细菌性肠炎、烂鳃	全池泼洒：2.5 ～ 4.0 毫克/升（海水鱼类相同）拌饵投喂：5 ～ 10 克/千克体重，连用 4 ～ 6 天（海水鱼类相同）		投喂时常与黄芩、黄柏合用（三者比例为 5 : 2 : 3）
黄芩 raikai skullcap	用于防治细菌性肠炎、烂鳃、赤皮、出血病	拌饵投喂：2 ～ 4 克/千克体重，连用 4 ～ 6 天（海水鱼类相同）		投喂时常与大黄、黄柏合用（三者比例为 2 : 5 : 3）
黄柏 amur corktree	用于防治细菌性肠炎、出血	拌饵投喂：3 ～ 6 克/千克体重，连用 4 ～ 6 天（海水鱼类相同）		投喂时常与大黄、黄芩合用（三者比例为 3 : 5 : 2）
五倍子 Chinese sumac	用于防治细菌性烂鳃、赤皮、白皮、疖疮	全池泼洒：2 ～ 4 毫克/升（海水鱼类相同）		
穿心莲 common andrographis	用于防治细菌性肠炎、烂鳃、赤皮	全池泼洒：15 ～ 20 毫克/升 拌饵投喂：10 ～ 20 克/千克体重，连用 4 ～ 6 天		
穿心莲 common andrographis	用于防治细菌性肠炎、烂鳃、赤皮	全池泼洒：15 ～ 20 毫克/升 拌饵投喂：10 ～ 20 克/千克体重，连用 4 ～ 6 天		
苦参 lightyellow sophora	用于防治细菌性肠炎、竖鳞	全池泼洒：1.0 ～ 1.5 毫克/升 拌饵投喂：1 ～ 2 克/千克体重，连用 4 ～ 6 天		
土霉素 oxytetracycline	用于治疗肠炎病、弧菌病	拌饵投喂：50 ～ 80 毫克/千克体重，连用 4 ～ 6 天（海水鱼类相同，虾类：50 ～ 80 毫克/千克体重，连用 5 ～ 10 天）	≥ 30（鳗鲡）≥ 21（鲶鱼）	勿与铝、镁离子及卤素、碳酸氢钠、凝胶合用

续表

渔药名称	用途	用法与用量	休药期/d	注意事项
噁喹酸 oxolinic acid	用于治疗细菌肠炎病、赤鳍病、香鱼、对虾弧菌病，鲈鱼结节病，鲱鱼疖疮病	拌饵投喂：10～30毫克/千克体重，连用5～7天（海水鱼类1～20毫克/千克体重；对虾：6～60毫克/千克体重，连用5天）	≥25（鳗鲡）≥21（鲤鱼、香鱼）	用药量视不同的疾病有所增减
磺胺嘧啶（磺胺哒嗪）sulfadiazine	用于治疗鲤科鱼类的赤皮病、肠炎病，海水鱼类链球菌病	拌饵投喂：100毫克/千克体重，连用5天（海水鱼类相同）		1. 与甲氧苄啶（TMP）同用，可产生增效作用。2. 第一天药量加倍
磺胺甲噁唑（新诺明、新明磺）sulfamethoxazole	用于治疗鲤科鱼类的肠炎病	拌饵投喂：100毫克/千克体重，连用5～7天	≥30	1. 不能与酸性药物同用。2. 与甲氧苄啶（TMP）同用，可产生增效作用。3. 第一天药量加倍
磺胺间甲氧嘧啶（制菌磺、磺胺-6-甲氧嘧啶）sulfamonoethoxine	用于治疗鲤科鱼类的竖鳞病、赤皮病及弧菌病	拌饵投喂：50～100毫克/千克体重，连用4～6天	≥37（鳗鲡）	1. 与甲氧苄啶（TMP）同用，可产生增效作用。2. 第一天药量加倍
氟苯尼考 florfenicol	用于治疗鳗鲡爱德华氏病、赤鳍病	拌饵投喂：10.0毫克/千克体重，连用4～6天	≥7（鳗鲡）	
聚维酮碘（聚乙烯吡咯烷酮碘、皮维碘、PVP-1、伏碘）（有效碘1.0%）povidone-iodine	用于防治细菌性烂鳃病、弧菌病、鳗鲡红头病。并可用于预防病毒病：如草鱼出血病、传染性胰腺坏死病、传染性造血组织坏死病、病毒性出血败血症	全池泼洒：海、淡水幼鱼、幼虾：0.2～0.5毫克/升海、淡水成鱼、成虾：12～2毫克/升鳗鲡：2～4毫克/升浸浴：草鱼种：30毫克/升，15～20分钟鱼卵：30～50毫克/升（海水鱼卵25～30毫克/升），5～15分钟		1. 勿与金属物品接触。2. 勿与季铵盐类消毒剂直接混合使用

注：1. 用法与用药量栏未标明海水鱼类与虾类的均适用于淡水鱼类。

2. 休药期为强制性。

禁用药物清单

序号	药物名称	英文名	别名
1	氯霉素及其盐、酯	Chloramphenicol	
2	己烯雌酚及其盐、酯	Diethylstilbestrol	己烯雌酚
3	甲基睾丸酮及类似雄性激素	Methyltestosterone	甲睾酮
4	呋喃唑酮	Furazolidone	痢特灵
	呋喃它酮	Furaltadone	
	呋喃苯烯酸钠	Nifurstyrenate sodium 亦禁用	
5	孔雀石绿	Malachite green	碱性绿
6	五氯酚钠	Pentachlorophenol sodium	PCP-钠
7	毒杀芬	Camphechlor（ISO）	氯化莰烯
8	林丹	Lindane 或 Gammaxare	丙体六六六
9	锥虫胂胺	Tryparsamide	
10	杀虫脒	Chlordimeform	克死螨
11	双甲脒	Amitraz	二甲苯胺脒
12	呋喃丹	Carbofuran	克百威
13	酒石酸锑钾	Antimony potassium tartrate	
	各种汞制剂（常见如）		
14	氯化亚汞	Calomel	甘汞
15	硝酸亚汞	Mercurous nitrate	
16	醋酸汞	Mercuric acetate	乙酸汞
*17	喹乙醇	Olaquindox	喹酰胺醇
*18	环丙沙星	Ciprofloxacin	环丙氟哌酸
*19	红霉素	Erythromycin	
*20	阿伏霉素	Avoparcin	阿伏帕星
*21	泰乐菌素	Tylosin	
*22	杆菌肽锌	Zinc bacitracin premin	枯草菌肽

续表

序号	药物名称	英文名	别名
*23	速达肥	Fenbendazole	苯硫哒唑
*24	呋喃西林	Furacilinum	呋喃新
*25	呋喃那斯	Furanace	P-7138
*26	磺胺噻唑	Sulfathiazolum	ST 消治龙
*27	磺胺脒	Sulfaguanidine	磺胺胍
*28	地虫硫磷	Fonofos	大风雷
*29	六六六	BHC（HCH）或 Benzem	
*30	滴滴涕	DDT	
*31	氟氯氰菊酯	Cyfluthrin	百树得
*32	氟氰戊菊酯	Flucythrinate	保好江乌

备注：不带 * 者系《食品动物禁用的兽药及其他化合物清单》（农业部第 193 号公告）涉及的渔药部分；带 * 者虽未列入 193 号公告，但列入了《无公害食品 渔用药物使用准则》的禁用范围，无公害水产养殖单位必须遵守。

附录三

广西壮族自治区人民政府
关于加快推进广西现代特色农业高质量发展的
指导意见

（桂政发〔2019〕7 号）

各市、县人民政府，自治区人民政府各组成部门、各直属机构：

为深入贯彻落实中央和自治区关于实施乡村振兴战略的部署要求，加快推进广西现代特色农业高质量发展，助推脱贫攻坚和乡村振兴，现提出如下意见。

一、总体要求

（一）指导思想

以习近平新时代中国特色社会主义思想为指导，全面贯彻党的十九大和十九届二中、三中全会精神，坚持新发展理念，落实农业农村优先发展总方针，以实施乡村振兴战略为总抓手，以推进农业供给侧结构性改革为主线，以提升质量效益和竞争力为中心，按照高质量发展的要求，坚持质量兴农、绿色发展，坚持科技和改革创新驱动，坚持特色、生态、优质、高效发展，实施特色农业强优工程，突出强龙头、补链条、聚集群、提品质、创品牌，加快转变发展方式，推动现代特色农业技术升级、改革升级、产业升级，构建现代农业产业体系、生产体系、经营体系，推动农业由传统、粗放、低效向现代、特色、优质、高效方向转变，促进粮食增产、农业增效和农民增收，为建设壮美广西、共圆复兴梦想提供有力支撑。

（二）基本原则

——坚持质量兴农、绿色发展。牢固树立绿水青山就是金山银山的发展理念，坚持绿色生态导向，加快转变农业发展方式，创新绿色农业发展体制机制，大力推行绿色生产方式，推广集约化生态种养模式，发展绿色生态农业，推动农业由增产导向转向提质导向，促进经济效益、社会效益、生态效益的协调统一，实现现代特色农业高质量发展。

——坚持市场导向、政策引导。遵循市场经济规律，充分发挥市场在农业资源配置中的决定性作用。加强政策引导、资金扶持和部门协调，充分发挥新型农业经营主体和小农户在市场中的主体地位，创新服务方式，加强市场监管，切实保障农民利益和经营主体自主权，促进现代特色农业持续健康发展。

——坚持龙头带动、集群发展。突出强龙头、补链条、聚集群，积极引导优势产业向优势区域集中，调优产业结构布局，大力引进培育龙头企业，强化龙头企业在现代特色农业高质量发展中的辐射带动作用，推进农业产业化、集约化经营，提升传统产业，发展新兴产业，打造形成一批龙头引领、链条完善、集约发展的农业产业集群。坚持全产业链发展导向，以生产环节为中心，向前后链条延伸，产前把种子、农药、肥料供应与农业生产连接起来，产中产后突出补齐标准化生产、精深加工、冷链物流、市场品牌打造等短板环节，实现产前产中产后一条龙、种养加销一体化，龙头带动显著增强，打造产业链条完备、效益链条突显的现代农业产业链。

——坚持品牌导向、发展特色。充分发挥广西资源禀赋优势，走差异化的特色发展路子，大力发展体现广西特色的农产品，打好广西特色牌、富硒牌、长寿牌。突出品牌导向，全力打造"桂"字号农产品区域公用品牌、农业企业品牌、农产品品牌，提升广西农业效益和农产品市场竞争力。

——坚持创新驱动、深化改革。坚持以种业发展引领产业科技创新和品质升级，加快新品种新技术研发推广，加快产业共性关键技术的研发、集成创新与转化应用，支撑现代特色农业高质量发展。深化农业农村改革，创新农业经营体制机制，落实农村土地"三权分置"制度，发展适度规模经营，加快推动农业由粗放式经营向规模化、标准化、机械化、集约化经营转变，由家庭承包经营为主向企业经营、合作经营为主转变，切实增强现代特色农业高质量发展活力。

（三）发展目标

到2020年，广西现代特色农业高质量发展取得显著成效，农业综合生产能力稳步提升，农业产业结构布局更加优化，创新驱动力增强，绿色发展特色鲜明，效益进一步凸显，竞争力加速提升，初步构建现代特色农业产业体系、生产体系、经营体系。

——农业高质量发展效益突出。粮食综合产能显著增强，优势特色产业进一步向优势区域集中，打造一批千百亿元产业。其中，粮食、蔗糖、水果、蔬菜、渔业、优质家畜等6个产业发展成为1 000亿元产业，蚕桑、中药材、油茶、优质家禽等4个产业发展成为500亿元产业，休闲农业发展成为300亿元产业，食用菌产业发展成为200

亿元产业，茶叶产值超 100 亿元，基本形成广西现代特色农业产业体系新格局。

——农产品品质品牌明显提升。优质品牌农产品供给能力明显增强，农产品品质、质量安全水平和品牌农产品占比明显提升，主要农产品质量安全例行监测合格率稳定在 97% 以上。农产品品牌价值及形象进一步提升，力争国家级和自治区级农产品区域公用品牌达 30 个，品牌营业值超 10 亿元的农产品 10 个以上、超 100 亿元的农产品 2 个以上，品牌农产品产值占农业总产值比重达 40% 以上。

——一二三产业深度融合。全区主要农产品初加工转化率提高到 68% 以上，规模以上农产品加工业主营业务收入 7 700 亿元左右，年均增长 10% 以上，建设具有一定规模和较强区域影响力的农产品加工集聚区或集中区 100 个以上，基本形成市市有特色加工集聚区、县县有规模以上加工企业、每个优势特色产业有加工龙头企业带动的发展格局。农旅、农文、农教和产村融合明显提升，新产业新业态新经济不断壮大，农业农村经济活力显著增强。

——助推脱贫攻坚有力。全区现代特色农业对巩固提升产业扶贫、产业富民、农民增收的贡献日益凸显。实现产业扶贫到村到户全覆盖，全区农村居民人均可支配收入年均增速 9% 以上，其中以经营现代特色农业产业为主的家庭经营性收入贡献比重每年保持在 45% 以上。

二、主要任务

围绕现代特色农业高质量发展目标，重点组织实施九大行动。

（一）实施特色产业集群发展行动。

1. 提升打造优质粮食产业集群。严格落实粮食安全行政首长责任制，实施藏粮于地、藏粮于技战略，重点划定建设 1 500 万亩粮食生产功能区，实施国家优质粮食工程，突出打造 50 个粮源基地县（市、区），优化布局发展水稻、玉米、马铃薯"三大主粮"，创建一批高产高质高效示范区（片），大力发展优质稻，推广超级稻。重视发展再生稻，保护野生稻，培育 100 个以上高产优质粮食作物新品种。大力发展特色鲜食玉米，把广西打造成为"中国南方鲜食玉米之都"。鼓励发展冬小麦、粟米、高粱、黑米、大豆、薏米等小杂粮。科学发展"富硒米"，扶持"稻＋鱼""稻＋螺""稻＋虾""稻＋蟹""稻＋鸭"等"稻＋"绿色高质高效种养模式。创新发展稻田艺术，提升稻旅融合效益。重点打造一批粮油加工集聚区，引进培育 5 家以上国家农业产业化重点龙头企业、20 家以上自治区农业产业化重点龙头企业，打造"广西香米""广西香糯""广西富硒大米"等区域公用品牌，发展地方特色功能性食品和主食加工"老字号"。到 2020 年，力争全区粮食产能稳定在1 500万吨左右，粮食产业发展成为1 000亿元产业。

2. 提升打造糖料蔗产业集群。落实划定1 150万亩糖料蔗生产保护区，建设500万亩"双高"糖料蔗基地，并逐步将"双高"糖料蔗基地建设范围覆盖所有划定的糖料蔗生产保护区，重点支持32个糖料蔗核心基地县（市、区）发展。加强糖料蔗收获、运输、压榨一体化建设，提高蔗渣、糖蜜、滤泥、蔗叶、蔗梢的综合利用水平，延长产业链。突出打造以崇左、来宾等市为重点的蔗糖加工集聚区，重点推进广西糖业集团、南宁糖业、南华糖业、东亚糖业等制糖企业战略重组。到2020年，全区糖料蔗年均产量稳定在6 000万吨左右，保持广西食糖产量占全国总产量的60%以上，蔗糖产业发展成为1 000亿元产业。

3. 提升打造特优水果产业集群。调优果业结构，优化柑、橙、柚、桔布局，科学发展脐橙、蜜桔、沃柑、优质柚子、金桔等柑橘大宗水果，把广西打造成为全国首个周年应市柑橘生产省区，2020年全区柑橘种植面积达800万亩、产量达800万吨。提升香蕉产业发展，科学调整春、秋、冬熟香蕉比重，错峰上市，打造全国最大秋冬熟香蕉生产基地，2020年全区香蕉种植面积达125万亩、产量达300万吨。改造提升荔枝、龙眼产业，突出发展优质荔枝和晚熟龙眼。大力发展火龙果、芒果、葡萄、柿子、李、桃、梨等七大特色果业。扶持鲜食西番莲、猕猴桃、莲雾、番石榴、大果杨梅、大果枇杷等优稀水果发展，实现产量稳定增长和早、中、晚熟均衡上市。培育引进龙头企业，扶持发展水果精深加工，带动广西果业规模化、标准化、机械化发展；加强果品商品化处理，强化包装和标识认证，打造特色果品品牌。实施果园立体开发，发展果园观光旅游，延伸产业链效益链。到2020年，全区水果种植面积达2 200万亩，总产量达2 000万吨，优果率达75%以上，水果产业发展成为1 000亿元产业。

4. 提升打造特色蔬菜产业集群。巩固提升广西"南菜北运"基地、"西菜东运"基地和粤港澳大湾区优质"菜篮子"地位，重点布局打造北部湾、右江流域、湘桂通道、西江流域等四大蔬菜产业带，推进城市郊区"保障性菜园"基地建设。适度扩大茄果类、瓜类、根菜类、水生蔬菜类、姜蒜葱等蔬菜规模。扶持发展百色番茄、荔浦芋头、博白空心菜等特色品种。突出标准化生产，创建一批高标准蔬菜设施栽培生产基地。建立健全质量安全追溯体系，打造绿色"放心菜"。大力发展特色优质果蔬制品加工，统筹蔬菜采后冷链物流建设，在万亩以上蔬菜生产集中区，每1 000亩建立1个容量为200立方米的蔬菜产品预冷库。到2020年，全区蔬菜种植面积和总产量分别稳定在2 100万亩、3 150万吨左右，蔬菜产业发展成为1 000亿元产业。

5. 提升打造优势蚕桑产业集群。巩固广西蚕桑产业在全国首位地位，重点发展桂西北、桂中和桂南三大优势产区，推进河池、南宁、来宾、柳州、贵港、百色、梧州等市的蚕桑产业高质量发展，重点建设 15 个桑园种植面积 10 万亩以上、年产鲜茧 1 万吨以上的蚕桑生产基地县，力争打造 5 ~ 10 个可供稳定生产 5A 级以上高品位生丝的优质原料茧示范基地县，在河池市宜州区、环江毛南族自治县已建成中国优质茧丝生产基地的基础上，再打造 3 个以上的中国优质茧丝生产基地县（市、区）。创新推广应用种桑养蚕新品种新技术新机具。推进茧丝绸精深加工和蚕桑资源综合利用，突破传统"一根丝"，推进建设一批高标准丝绸工业园区，打造纺丝、织绸、印染、服装、家纺全产业链。提升蚕桑资源综合开发利用水平，挖掘桑叶、桑葚药用价值和牧用桑饲料价值，精深开发桑葚酒、桑叶茶、桑叶菜等桑葚、桑叶系列加工食品。到 2020 年，力争全区桑园种植面积达 380 万亩，蚕茧产量达 42 万吨，生丝产量达 5 万吨，蚕桑全产业链产值达 500 亿元以上。

6. 提升打造茶产业集群。突出布局提升三江侗族自治县、昭平县、凌云县、乐业县、灵山县、西林县、苍梧县、融水苗族自治县、横县、金秀瑶族自治县等 10 个生态产茶大县。突出高标准茶园建设，创建打造一批标准化生态茶园和富硒茶园基地，推行茶园病虫害绿色防控。着力补齐茶叶精深加工和品牌打造短板，引导扶持龙头企业创建标准化茶厂，推行清洁化、标准化和规模化的现代加工方式。重点发展"一花二黑三红四绿"茶产业（茉莉花茶、六堡茶、红茶、绿茶），整合打造一批"桂"字号茶叶公用品牌，重点培育壮大茉莉花茶、六堡茶、早春茶、富硒茶、金花茶等特色品牌。支持开发茶叶药物、保健品、功能食品、化妆品等深加工新产品。延伸茶产业链条，拓展茶园观光和休闲功能，推动有条件的地方建设现代特色茶叶产业园、科普园，打造一批健康养生茶园基地。加大饮茶文化宣传，促进茶叶消费。到 2020 年，全区茶园种植面积达 120 万亩左右，干毛茶产量达 8.5 万吨，建成高质高效茶园 10 个、富硒茶园 30 个，培育全国知名"桂茶"品牌 3 ~ 4 个，茶产业产值超 100 亿元。

7. 提升打造食用菌产业集群。重点打造双孢蘑菇、云耳、香菇、秀珍菇、平菇、草菇六大产业集聚区，布局建设一批食用菌产业园，探索建设红椎菌特色小镇。创新发展灵芝、茯苓、竹荪、黑皮鸡枞、银耳等珍稀类食药用菌。创建 10 个以上工厂化生产基地。推进食用菌"三品一标"（无公害农产品、绿色食品、有机农产品和农产品地理标志）产地认定和产品认证，提升传统"桂菌"品牌。到 2020 年，全区食用菌总产量稳定在 100 万吨以上，产值达 200 亿元以上。

8. 提升打造中药材产业集群。落实推进壮瑶医药振兴计划，优化区域布局和品种结构，重点发展大宗和名贵道地中药材，巩固穿心莲、罗汉果、淮山、葛根、金银花、槐米等广西独有优势大宗品种，发展鸡骨草、广莪术、广泽泻、广豆根、两面针、天门冬、广金钱草等道地品种，开发牛大力、铁皮石斛、木鳖果等新兴品种，扶持建设 40 个中药材精品园区，推进中药材精深加工，加大中药材在中兽药、食品添加剂、化妆品等方面开发利用。到 2020 年，全区中药材种植面积达 150 万亩，全产业链产值达 500 亿元以上。

9. 提升打造渔业产业集群。实施水产良种工程建设和渔业生态养殖提升行动，大力发展深水抗风浪网箱养殖、陆基工厂化养殖、海洋牧场人工鱼礁等现代设施渔业。扶持远洋渔业、沿海滩涂养殖、循环水养殖、净水渔业、休闲渔业和稻渔综合种养。打造渔港经济区，突出发展水产品加工和流通业。实施南珠产业振兴计划，建设一批南珠产业标准化示范基地。实施罗非鱼产业提升行动，带动广西优质水产品出口。争取国家支持开展南沙海域渔业涉外政策性保险。到 2020 年，将渔业打造成为 1 000 亿元产业，其中罗非鱼产业总产值 90 亿元以上。

10. 提升打造优质家畜产业集群。重点发展生猪、肉牛肉羊、奶水牛等产业，引导产业向资源环境承载力强的地区转移。大力开发巴马香猪、环江香猪、陆川猪、德保猪、隆林黑猪等地方特色品种。推进肉牛"北繁南育"和饲草料"南草北运"，实施国家粮改饲项目。提升屠宰行业工艺机械化、自动化水平，推进集中屠宰、分拣、冷链配送和生鲜上市。引进培育龙头企业，推动发展畜产品精深加工业。振兴广西奶业，扶持高端奶制品精深加工，做大做强水牛奶品牌，打造南方奶业强区。扶持养蜂业发展，做强蜂产品精深加工业。到 2020 年，把优质家畜产业打造成为 1 000 亿元产业。

11. 提升打造优质家禽产业集群。重点发展优质黄羽肉鸡、禽蛋等产业。开发利用三黄鸡、麻鸡、乌鸡等地方优良品种，打造"广西三黄鸡"等区域公用品牌。扶持创建 2 个国家肉鸡核心育种场，打造全国最大的优质禽苗供应基地。大力推广林下养殖、果园养殖等种养融合模式。推进优质禽产品加工，打造面向东南亚的清真食品，打造海鸭蛋等特色品牌。到 2020 年，把优质家禽产业打造成为 500 亿元产业。

12. 提升打造油茶等特色经济林产业集群。立足资源禀赋和产业基础，大力扶持发展油茶产业，打造油茶高产高效示范园，推进油茶精深加工增值。到 2020 年，全区要打造 20 个油茶产业示范县、100 个油茶产业示范乡镇、500 个油茶产业示范村，创建500 个油茶高产高效示范园，示范园总面积达 100 万亩，带动全区油茶产业快速发展成为 500 亿元产业。进一步优化特色经济林产业结构，大力发展核桃、澳洲坚果、八角、肉桂、板栗等特色经济林，助推脱贫攻坚。到 2020 年，全区核桃种植面积达 300 万亩、干果年产量达 20 万吨以上，澳洲坚果种植面积达 10 万亩、产量达 2.5 万吨以上。

责任分工： 自治区农业农村厅、林业局、糖业发展办等按职责分工负责，各市、县（市、区）人民政府具体推进。排在第一位的为牵头单位，下同。

（二）实施质量兴农绿色发展行动

1. 大力推行农业标准化生产。制定修订一批农业地方标准，完善农业绿色发展标准体系、创新机制和政策制度，加快建立统一的绿色农产品市场准入标准。持续推进"三品一标"认证、良好农业规范（GAP）认证，按照绿色食品、有机食品标准和国际通行的农业操作规范，打造一批标准化生产示范基地。到2020年，全区农作物标准化生产基地面积达300万亩以上，畜禽标准化规模养殖示范场达30个以上，"三品一标"产品数量达2 000个以上、种植面积达1 400万亩以上、产量达1 350万吨以上。

2. 落实化肥农药使用量负增长行动。推行绿色生产方式，落实有机肥替代化肥扶持政策，大力推广测土配方施肥和病虫害绿色综合防控技术，深入实施高剧毒农药替代计划，创新推广生物防治技术，不断扩大节水农业规模。到2020年，力争主要农作物化肥、农药使用量实现负增长，化肥、农药利用率达40%以上；全区节肥、节药、节水耕地面积分别达6 500万亩、3 000万亩、2 000万亩。

3. 创新推广"微生物+"生态养殖。开展畜牧业绿色发展示范县创建活动，推行水产畜牧健康养殖方式，规范限量使用饲料添加剂，减量使用兽用、渔用抗菌药物。以农用有机肥为主要利用方向，强化秸秆和畜禽粪污资源化利用，实施全区畜禽粪污资源化利用整县推进项目建设。到2020年，全区畜禽规模养殖场生态养殖比重达60%。

4. 创建农产品质量安全监管示范乡镇。重点建设标准化检测室、建立监管名录、信用管理档案等，打造网格化监管模式。落实农产品质量安全属地监管责任。推动国家农产品质量安全追溯管理平台应用，加快实现农产品质量安全可追溯管理。开展广西农产品出口示范基地创建，让更多"桂"字号绿色农产品"走出去"。支持钟山县打造全国农业可持续发展示范区。到2020年，建成100个农产品质量安全监管示范乡镇，绿色食品、有机农产品和地理标志农产品基本实现追溯管理全覆盖。

5. 创新发展生态循环农业。实施广西西江水系"一干七支"沿岸生态农业产业带建设试点，在西江干流、左江、右江、红水河、柳黔江、绣江、桂江、贺江及南流江、九洲江等重点江河沿岸区域选择30个县（市、区）开展沿岸生态农业产业带建设，发展绿色高质高效农业。加快推进农牧废弃物循环利用，实施甘蔗、蚕桑、果蔬、木薯、食用菌、畜牧业循环产业提升工程，推动农作物秸秆饲料化、肥料化、基料化、原料化、燃料化"五料化"利用，以及畜禽粪便肥料化、能源化利用。到2020年，秸秆综合利用率达85%，养殖废弃物综合利用率达75%，养殖用水循环、饲料利用率分别提高到70%、90%。

责任分工：自治区农业农村厅、市场监管局，南宁海关等按职责分工负责，各市、县（市、区）人民政府具体落实。

（三）实施一二三产业融合发展行动

1. 打造一批农产品加工集聚区。重点支持农产品原料大县和农产品主产地，打造一批农产品加工集聚区。到 2020 年，力争建成 20 个自治区级农产品加工集聚区，重点布局于 14 个设区市，每个设区市至少创建 1 个。各地可以根据资源禀赋和市场发展需求，打造一批市县级农产品加工集聚区或集中区。优先支持农产品加工龙头企业向前端延伸带动各类新型农业经营主体建设原料基地，向后端延伸建设物流营销和服务网络，打造全产业链生产经营体系。到 2020 年，全区培植 2 000 家规模以上农产品加工企业，发展 3 万家以上中小微农产品加工企业；打造一批产值分别超 10 亿元、50 亿元、100 亿元的农村产业融合发展先导区和农产品加工特色小镇；力争建成国家级农村产业融合发展示范县 5 个以上，国家和自治区级农村产业融合发展示范园（区）10 个以上。

2. 着力补齐农产品冷链物流短板。统筹农产品冷链物流体系布局，加快建立自治区、市、县三级冷链物流体系和覆盖城乡的冷链物流网点。加强冷链物流装备设施建设，在农产品主产区加快配套建设一批地头冷库、田头贮藏设施。支持建设一批具备低温仓储、流通加工、交易展示、中转集散和分拨配送等功能的冷链物流园区，引进培育一批大型冷链物流龙头企业，建设完善"百色一号"果蔬冷链专列、防城港铁路冷链专列等交通运输设施。到 2020 年，全区冷链物流装备水平显著提高，果蔬、肉类和水产品冷链流通率分别提高到 25%、40% 和 45% 以上。

3. 大力发展休闲农业。加快推进农业与旅游、文化、教育、科普、康养等产业深度融合，重点打造中越边境民族风情特色休闲农业产业带、西江沿江休闲农业产业带、北部湾滨海海洋文化休闲农（渔）业产业带、依山森林旅游生态休闲农业产业带、沿高铁（公路）特色种养休闲产业带、桂东富硒农业休闲体验产业带、巴马长寿养生生态休闲农业产业带等七大休闲农业产业带，大力培育首府南宁都市休闲农业示范区、柳州都市休闲农业示范区、桂林休闲农业国际旅游示范区等三大休闲农业示范区。到 2020 年，力争全区创建 200 个国家级和自治区级休闲农业与乡村旅游示范点、100 个全区休闲渔业示范基地，吸纳农民就业 45 万人，接待游客 1 亿人次以上，休闲农业产值突破 300 亿元，力争把广西打造成全国休闲农业强区。

责任分工：自治区工业和信息化厅、发展改革委、农业农村厅、商务厅、文化和旅游厅等按职责分工负责，各市、县（市、区）人民政府具体落实。

（四）实施现代特色农业示范区创建行动

1. 深入创建现代特色农业示范区。深入开展广西现代特色农业示范区建设增点扩面提质升级三年行动，推进示范区技术升级、改革升级、产业升级。到 2020 年，全区建成自治区核心示范区 300 个、县级示范区 600 个、乡级示范园 3 000 个，每个行政村

至少有 1 个示范点，实现示范区县乡村全覆盖和种养加游三产融合全覆盖。

2. 争创中国特色农产品优势区。以整县域为基本单位，争创一批中国特色农产品优势区和广西特色农产品优势区。深入创建百色芒果、永福罗汉果、陆川猪等中国特色农产品优势区，打造宜州蚕桑、容县沙田柚、灵山荔枝等广西特色农产品优势区。到 2020 年，力争创建 10 个左右中国特色农产品优势区和 30 个以上广西特色农产品优势区。同时，积极争创国家级和自治区级现代农业产业园，抓好横县茉莉花、来宾市金凤凰、柳州市柳南区螺蛳粉等国家级、自治区级现代农业产业园建设。

3. 积极打造国家级田园综合体。按照农田田园化、产业融合化、城乡一体化的发展路径，落实好田园综合体创建行动，争创一批集循环农业、创意农业、农事体验于一体的国家级田园综合体。突出抓好南宁市"美丽南方"国家级田园综合体建设，重点打造玉林市"五彩田园"、南宁市青秀区"田园青秀"、宾阳县"稻花乡里"、柳州市柳江区"乡约藕遇"、恭城瑶族自治县"瑶韵柿乡"等一批自治区级田园综合体。到 2020 年，根据试点项目实施情况，逐步扩大建设试点，积极组织申报和竞争创建一批国家级田园综合体。

责任分工：自治区农业农村厅、林业局、财政厅等按职责分工负责，各市、县（市、区）人民政府具体落实。

（五）实施现代农业科技创新行动

1. 深入实施优质种业提升工程。加大良种攻关和加工型品种引进培育力度，打造种质创新、基因挖掘、育种技术、新品种选育、良种繁育等种业产业化链条。扶持培育一批"育繁推"一体化种子企业和一批"桂系"品种。加快建设右江河谷、桂南沿海、桂中北等优势种子生产基地和广西农业良种海南南繁育种基地。扶持创新开展"看禾选种""看菜选种"等活动。强化地方种质资源保护与开发利用。到 2020 年，全区主要农作物良种覆盖率达 95% 以上。

2. 加强农业科技创新人才队伍建设。实施农业科学家进广西助力乡村振兴行动，聘请一批农业院士、国家级首席专家、国家重点高校和科研院所知名专家教授等，为广西农业科技创新、乡村产业振兴、现代特色农业高质量发展提供人才支撑。落实广西农业科研杰出人才培养计划，深入推进 20 个国家现代农业产业技术体系广西创新团队建设，遴选培养一批高水平首席专家、功能专家和综合试验站站长。深入推行科技特派员制度，建设一批"星创天地"。加强农业职业院校建设。深化农业科研所改革，建立健全自治区农业科研院所、高校与市县协同推进机制。完善农业科技园区管理办法和监测评价机制。

3. 推进科技与产业化深度融合。开展重大技术攻关应用，创建一批高水平专业性或区域性重点实验室、农业科学观测实验站和农业应用研究示范基地。重点开展柑橘黄龙病、香蕉枯萎病、甘蔗收获机械化、农产品精深加工、生态种养等农业关键技术攻关。深入推进农业生产全程机械化、智能化的技术研究，加快建设基于北斗卫星技术的智慧农机系统，加强园艺果树机械化生产创新应用。增强科技成果转化应用能力，把科技贯穿于全产业链各环节，结合现代特色农业示范区和粮食生产功能区、重要农产品保护区、特色农产品优势区和现代农业产业园、科技园、创业园及田园综合体创建，高标准创建一批现代农业科技展示推广中心、成果转化中心、示范基地和科技示范户。

4. 创新发展智慧农业。深入实施"互联网+"现代农业工程，推广应用物联网、大数据、云计算、移动互联等现代信息技术，建设农业资源一张图。加快建设数字农业创新中心，扶持创建一批重要农产品全产业链大数据示范应用基地，构建全产业链数据资源采集、分析、监测、预警体系，提升农业生产经营和管理数字化、智能化水平。

5. 加强农业基础设施建设。大力推进农田水利建设，重点推进桂中、桂西北和左江三大旱片及贫困地区的农田水利基础设施建设。加快推进小水窖、小水池、小泵站、小塘坝、小水渠"五小水利"工程和小微型水源工程建设，打通农田水利"最后一千米"。大力推进高标准农田建设，扶持实施土地整治、"小块并大块"等工程，抓好耕地保护与质量提升，加快改造中低产田。到2020年，全区农田有效灌溉面积达2 728万亩，建成高标准农田2 725万亩。

责任分工：自治区农业农村厅、科技厅、水利厅、大数据发展局、农科院等按职责分工负责，各市、县（市、区）人民政府具体落实。

（六）实施品牌强农行动。

1. 实施"桂"字号农业品牌培育工程。主打"绿色生态，长寿壮乡"牌，打造一批"桂"字号农产品区域公用品牌、农业企业品牌、农产品品牌。加大广西农业品牌总体形象标识"广西好嘢"的宣传推介力度，进一步扩大广西农业品牌影响力。推进"三品一标"农产品持续健康发展，支持全区各地开展农产品地理标志证明商标注册，强化农产品"老字号"品牌保护。精心培育壮大百色芒果、荔浦芋头、钦州大蚝、南宁香蕉、横县茉莉花、梧州六堡茶、永福罗汉果、柳州螺蛳粉、宜州桑蚕、富川脐橙等一批"桂"字号国家级和自治区级农产品区域公用大品牌。到2020年，力争全区"三品一标"认证农产品数量达到2 000个以上，培育200个国家地理标志农产品和30个农产品区域公用品牌，打造10个以上、品牌价值超过30亿元的"桂"字地理标志农产品和地理标志保护产品品牌。

2. 突出打造"富硒品牌"农业。充分发挥广西富硒资源优势，大力发展富硒农产品，

创建一批全国富硒农业示范市、示范县（市、区），整县推进富硒农业开发，力争3年内新建140个富硒农产品示范基地。加大富硒知识科普宣传和质量监管，打造一批在全国具有较大知名度的"桂"字号富硒农产品品牌。到2020年，全区富硒农产品基地面积达50万亩以上，认定富硒农产品数量达200个以上，创建富硒农业品牌30个以上，富硒农业产业总产值突破40亿元。

3. 讲好农业品牌文化故事。充分挖掘壮乡农耕文化、乡土文化、民俗文化和历史故事，把文化故事孕育于产地、产业、产品中，讲好每一个"桂"字号农业品牌故事，充分展现勤劳勇敢、悠久的壮乡农耕文化，以故事沉淀品牌精神，提升农业文化品牌价值。加大宣传力度，积极在中央电视台等中央媒体上，包装宣传广西特色农产品，组织打造一批极具文化内涵和精彩故事的广西特色农产品品牌。

责任分工：自治区农业农村厅、文化和旅游厅、林业局、市场监管局、糖业发展办等按职责分工负责，各市、县（市、区）人民政府具体落实。

（七）实施农产品产销对接行动

1. 打造特色专业市场。加强农产品专业市场建设，支持建设一批集商品展示、贸易洽谈、商品交易、商务会展、电子结算、仓储配送等功能于一体的大型特色专业市场，提升农产品交易市场标准化、信息化、专业化服务水平。鼓励农业新型经营主体在大中城市和社区建立专卖店，专柜专销、直供直销，建立稳定的销售渠道。

2. 组织开展大型农业会展。持续办好广西名特优农产品交易会、中国—东盟博览会农业展、中国荔枝龙眼产销对接会及西部陆海新通道农产品交流对接会。积极组团参加中国国际农产品交易会、中国国际茶叶博览会等各类高规格综合性、专业性会展。全区每年组织开展各类综合性、专业性农业会展10场以上，组织参与企业达1500家以上，向全国重点推介广西农产品区域公用品牌、农业企业品牌、农产品品牌100个左右。

3. 开拓对接高端消费市场。主动对接京津冀、长三角、珠三角等发达地区，大力开拓北方市场，开展大中城市驻点批发、社区到点零配等业务，让广西绿色生态农产品"走南闯北"，提升市场营销效益。创新农产品产销对接模式，大力发展农超、农校、农企对接和个性化定制配送等新型营销模式。

4. 创新"互联网+"电商营销模式。推进线上线下结合，大力发展农村电商，促进生产、经营、消费无缝链接。全面实施信息进村入户工程，在市、县两级架设村级信息服务站运营中心，在行政村建成村级信息服务站（益农信息社）。打通农村物流"最后一千米"。到2020年全区建成村级信息服务站（益农信息社）数量达3万个以上，形成覆盖全区所有行政村的农产品供应上行体系。

责任分工：自治区商务厅、农业农村厅、市场监管局等按职责分工负责，各市、县（市、区）人民政府具体落实。

（八）实施农业龙头企业壮大行动

1. 实施农业龙头企业成长计划。加大财税、用地、金融、电力等政策扶持，积极培育本土农业龙头企业，认定一批自治区农业产业化重点龙头企业。建立农业龙头企业梯次发展培育机制，对有突出贡献的优秀企业按国家和自治区的有关规定给予扶持奖励，壮大农业龙头企业规模。推动国有涉农企业资产优化重组，培育国有骨干龙头企业。鼓励支持农业龙头企业通过兼并重组等方式实行全产业链经营。到 2020 年，力争国家、自治区农业产业化重点龙头企业数量突破 300 家。

2. 开展农业大招商行动。优化营商环境，加大农业招商力度，每两年举办 1 次高水准招商引资和洽谈对接大会，精准对接，瞄准大企业大项目招商，重点引进一批世界 500 强企业、中国 500 强企业、国家农业产业化龙头企业等技术先进、带动力强、品牌影响大、有市场话语权的大企业大集团。聚焦农牧产业全产业链体系，紧扣标准化工厂化生产、农牧渔产品深加工、现代冷链物流及产销平台、中央厨房产销平台、农村电商和智慧农业数据平台、禽畜养殖废弃物资源化循环利用等产业链关键环节，全力开展大招商，创新打造"央企民企发展现代农业助力乡村振兴广西行"招商品牌。到 2020 年，力争引进国内外大型龙头企业达 400 家以上。

3. 深化农业对外开放合作。主动融入广西"南向、北联、东融、西合"全方位开放发展新格局，加强与西部陆海新通道建设衔接，深度参与"一带一路"建设，深化与以东盟为重点的"一带一路"沿线国家的农业合作，加快把广西建设成为"一带一路"农业开放合作示范区、中国—东盟农业合作新高地、中南西南农产品交易集散中心。重点实施一批自治区农业对外合作"两区"（境外农业合作示范区、农业对外开放合作试验区）、"两站"（中国〔广西〕—东盟农作物优良品种试验站、东盟农作物优良品种广西试验站）和"三基地"（沿边农业合作示范基地、桂台合作乡村振兴示范基地、农产品出口示范基地）建设项目，搭建境内境外两大平台，以外带内、以内促外、双轮驱动。办好中国—东盟博览会农业系列活动，每年确定在 1 ～ 2 个东盟国家举办"广西名特优农产品走东盟活动"，加强广西农产品的市场宣传和推介。主动融入粤港澳大湾区建设，把广西打造成为名副其实的粤港澳大湾区"米袋子""菜篮子""果园子"和"后花园"。巩固海峡两岸（广西玉林）农业合作试验区、钦州钦南台湾农民创业园和两岸（广西贺州）青年农业创业园等国家级平台建设，持续组织骨干农民和科技管理人员赴台培训交流。到 2020 年，力争广西农业对外投资金额和农产品出口贸易额继续位居全国前列。

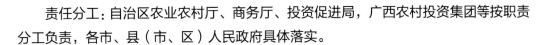

责任分工：自治区农业农村厅、商务厅、投资促进局，广西农村投资集团等按职责分工负责，各市、县（市、区）人民政府具体落实。

（九）实施现代农业经营体系创新行动

1. 落实农村土地"三权分置"制度。坚持农村土地集体所有权，稳定农户承包权，放活土地经营权，完善全区农村土地承包经营权确权登记颁证工作，健全农村土地流转规范管理制度，建立完善农村产权流转交易市场，推动发展多种形式的农业适度规模经营。鼓励工商企业下乡租赁农户承包地发展现代农业。

2. 实施新型农业经营主体培育工程。大力扶持培育专业大户、家庭农场、农民合作社、农业企业等新型农业经营主体。开展农民合作社、家庭农场规范化建设，组织认定和培育申报一批国家、自治区农民合作社示范社。到 2020 年，全区家庭农场突破 1 万家，农民合作社达 6 万家。

3. 大力培育新型职业农民。实施现代农业人才支撑计划，加强青年农场主、农村实用人才、新型职业农民培训力度，开展新型农业经营主体带头人培育行动，推进新型职业农民培育整村推进工程，培育数以万计的新型职业农民。探索培育农业职业经理人。推进大众创业、万众创新，引导各类科技人员、中高等院校毕业生和农民工返乡创业。到 2020 年，全区累计培育新型职业农民人数达 10 万人以上。

4. 促进小农户与现代农业发展有机衔接。坚持小农户家庭经营为基础与多种形式适度规模经营为引领相协调，落实好扶持小农户发展的政策和服务措施，加快发展农业社会化服务，积极发展生产资料供应、种子种苗繁育、病虫专业化统防统治、测土配方施肥、机械化作业等生产性和经营性服务。推进"合作社＋农户""公司＋合作社＋农户"等经营模式，提高小农户组织化程度、生产经营能力和抗风险能力。创新构建小农户与企业、合作社、基地、园区的利益联结机制，鼓励发展订单农业、股份分红、利润返还等方式，实现小农户分享农业全产业链增值收益。

5. 创新金融支农体制机制。加大农业农村金融创新和扶持力度，建立健全财政贴息、担保等支持政策，撬动和放大金融资本、社会资本投资农业。积极探索创新"信贷＋担保＋保险＋期货"金融组合拳服务，千方百计破解农业融资难、融资贵问题。落实政策性农业保险，创新开展特色农业保险，不断扩大糖料蔗价格指数保险试点面积，推进农业保险扩面增品提标。加快建立农业保险大灾风险分散机制，增强农业规模经营抵御自然灾害风险能力。

责任分工：自治区农业农村厅、发展改革委、财政厅、地方金融监管局，人民银行南宁中心支行，广西银保监局等按职责分工负责，各市、县（市、区）人民政府具体落实。

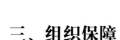
三、组织保障

（一）强化组织领导

全区各级各有关部门要高度重视，切实把现代特色农业高质量发展摆在实施乡村振兴战略的突出位置，加强组织领导，精心组织，细化方案，狠抓落实，确保行动举措落到实处。要坚持农业农村优先发展，加快构建形成五级书记抓落实的体制机制，充分调动和发挥基层党组织在现代特色农业高质量发展、产业扶贫、村级集体经济建设等方面的示范带动作用，为推动现代特色农业高质量发展提供坚强的组织保障。

（二）创新政策扶持

全区各级各有关部门要不折不扣落实农业农村优先发展总方针，在现代农业生产基础设施建设、农产品加工园区创建、冷链仓储物流建设、新型农业经营主体培育、龙头企业带动引领、大企业大招商等关键环节，加大项目支持和财政投入，并按规定统筹相关资金予以扶持。要创新信贷、保险、担保、抵押等金融政策支撑，加大用地、用电、用水和道路基础设施建设等优惠政策扶持，降低农业经营主体的要素投入成本，为现代特色农业高质量发展提供强有力政策保障。

（三）规划打造集聚区

全区各市、县（市、区）要精心谋划，科学整合现代特色农业示范区、粮食生产功能区、重要农产品保护区、特色农产品优势区等现有的项目、平台和资源，规划打造一批要素集聚、现代特色、龙头带动、机制创新、优质高效、绿色发展的现代特色农业高质量发展集聚区，成为引领现代特色农业高质量发展的先行区和改革创新高地。每个县（市、区）至少创建 1 个现代特色农业高质量发展集聚区，资源禀赋、经济基础等条件较好的设区市多承担创建任务（具体指标详见附件）。

（四）加大宣传服务

全区各级各有关部门要加大力度，做好现代特色农业高质量发展的宣传工作，充分利用报刊、广播、电视、互联网等传统和现代各类传媒工具，全方位、多角度、立体化宣传报道各地推进现代特色农业高质量发展的新举措、新成效、新典型、新经验，营造良好的发展氛围。

（五）强化督查考核

全区各市、县（市、区）人民政府是推进现代特色农业高质量发展的责任主体，要完善工作机制，统筹协调推进。自治区建立督查和考核机制，加大督查力度。对落实成效突出的有关市、县（市、区），将在下一年度项目、资金等方面给予倾斜扶持，充分调动各地抓落实的积极性，确保取得实效。

　　附件：广西现代特色农业高质量发展集聚区创建任务指标

广西壮族自治区人民政府

2019年2月2日

附件

广西现代特色农业高质量发展集聚区
创建任务指标

设区市	任务指标（个）	完成年限
南宁市	16	2020 年
柳州市	10	2020 年
桂林市	13	2020 年
梧州市	7	2020 年
北海市	4	2020 年
防城港市	4	2020 年
钦州市	5	2020 年
贵港市	5	2020 年
玉林市	8	2020 年
百色市	12	2020 年
贺州市	5	2020 年
河池市	11	2020 年
来宾市	6	2020 年
崇左市	7	2020 年
合计	113	2020 年